60 Jahre

Lou Ottens'

PHILIPS EL 3300 Recorder

– WERBUNG –

PHILIPS

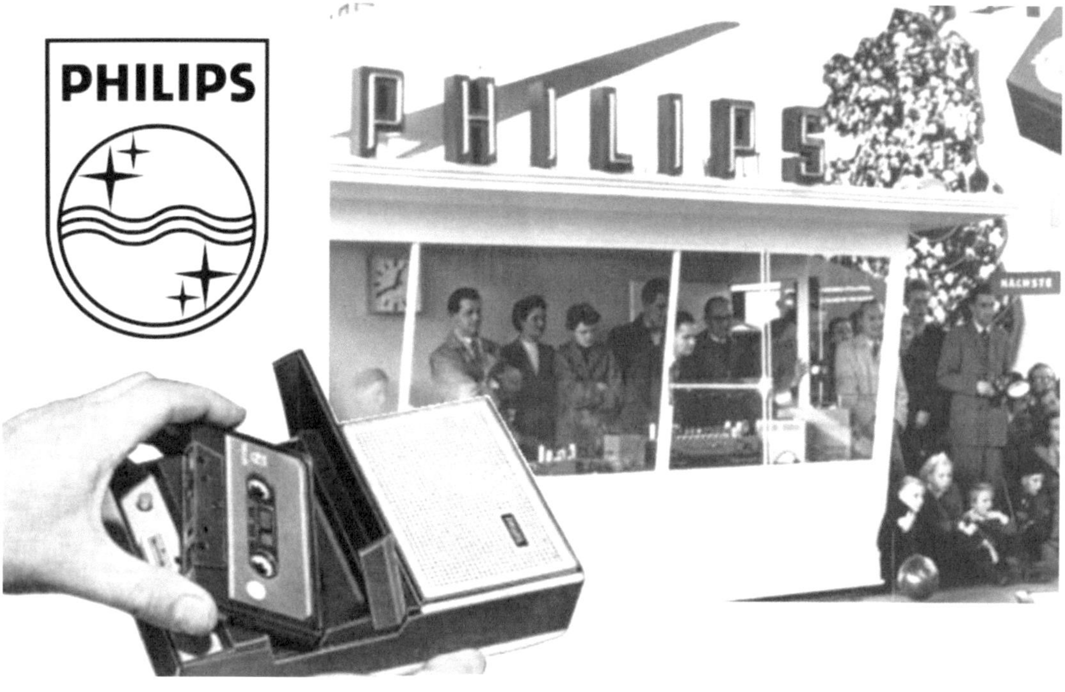

Bibliografische Information durch die Deutsche Nationalbibliothek

Die Deutsche Nationalbibliothek verzeichnet diese Publikation in der Deutschen Nationalbibliografie; detaillierte bibliografische Daten sind im Internet über http://dnb.dnb.de abrufbar.

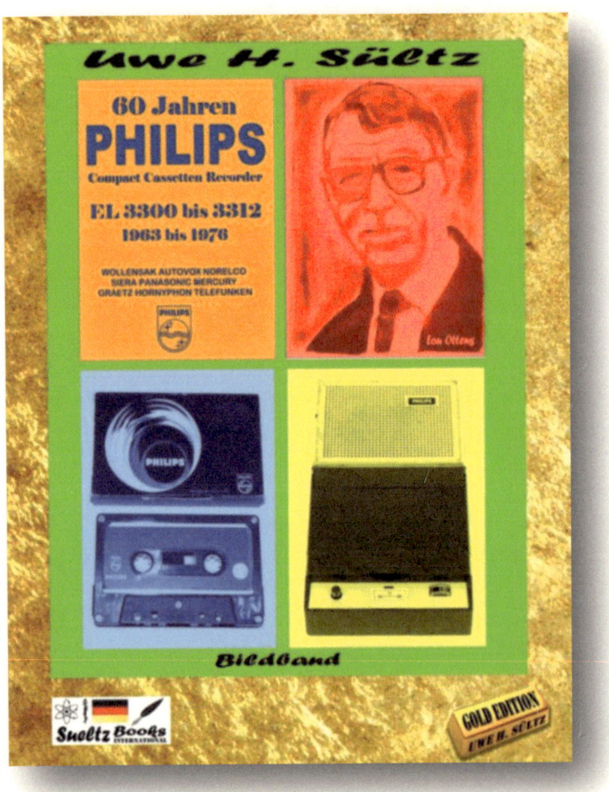

ISBN 9-78374-1-27377-3

Copyright 2023 Uwe H. Sültz

Herstellung und Verlag:

BoD – Books on Demand, Norderstedt

ISBN 9-78375-8-30228-2

Liebe Freundinnen und Freunde der gepflegten Compact Cassette,

vor 60 Jahren hat LOU OTTENS mit seinem Team den weltersten Taschenrecorder PHILIPS EL 3300 und die Compact Cassette EL 1903 veröffentlicht. Mit in seinem Team waren JAN SCHOENMAKERS und PETER VAN DER SLUIS. Alles ist ja soweit bekannt, die Marke SÜLTZ BÜCHER hat weltweit Bücher darüber veröffentlicht.

Mit dieser Ausgabe COMPACT CASSETTEN REPORT endet nun diese Reihe. Das nächste Großereignis wäre dann im Jahr 2063 das Jubiläum „100 Jahre Compact Cassetten". Zu diesem Ereignis hat SÜLTZ BÜCHER vorab einen Kalender veröffentlicht.

Kalender 2063 -100 Jahre Compact Cassetten

Fotokalender für 2063 in Brillant-Druck mit zum Teil seltenen Cassetten, inkl. Infos auf 60 Seiten. ISBN 9-78374-1-29751-9 Buch: 16,98 EUR E-Book: 8,99 EUR

Für die freundliche Unterstützung bedanken wir uns bei den Compact Cassetten-Freunden und Experten Roland Roth, Burkhard Goertz, J.D. Jensen und Alfred Lohoff.

1963

**Un événement.
Philips lance le 1ᵉʳ magnétophone à cassettes.**

• WORLD'S FIRST! •

PHILIPS EL3300 CASSETTE REC/PLAYER

& TAPE CARTRIDGES (*cassette tapes*)

launched at the Berlin Radio Show 30th August 1963

and in the UK a year later in 1964

Here's something really NEW in tape recording:

CARTRIDGE LOADING

—exclusive feature of the brilliant new

PHILIPS BATTERY POCKET TAPE RECORDER

EL3300

Just check these revolutionary features:

The easiest tape system in the world—cartridge loading.
Forget about troublesome spools and tape threading—simply slip in the one-piece cartridge for instant use—get 30 minutes recording per side.

The simplest operation—controlled by one push-button.
Single control gives playback, record (with interlocking safety button), fast wind and fast re-wind. No drain on batteries except when recorder is actually operating.

The most versatile microphone—use it any one of three ways.
Sensitive, omni-directional "stick" tape microphone can be held in hand, clipped in pocket or stood on plastic stand.

The most useful extra control—remote stop-start.
Remote control switch on microphone starts and stops recorder—detaches from microphone for separate use.

Battery operation for instant use—anywhere, any time.
Five small batteries last about 30 hours. Indicator needle shows recording modulation level and battery strength.

Real Leather carrying case—always ready for action.
Carrying case gives easy access to recorder controls. Tape is visible through special window. Case has space for accessory storage.

The first really new tape recorder for years

25 gns COMPLETE

NEU-HEIT

**Miniatur-Tonbandgerät
in Präzisionsausführung
universell einsatzbereit
da sowohl mit Batterie,
als auch (mit Netzgerät) am Netz zu betreiben**

PHILIPS „Taschenrecorder"

Auch Sie können sich dieses ideale Tonbandgerät im Taschenformat leisten. Wir liefern es Ihnen, diskret und ohne jegliche weitere Formalitäten, **auf bequeme Raten**

Bestellung ohne Risiko, denn Sie erhalten gegen Einsendung des Gutscheins die komplette Anlage mit unbedingtem Rückgaberecht

8 Tage zur Probe

Endlich ein Miniatur-Tonbandgerät, das überall aufnahme- und spielbereit ist! Einfach und blitzschnell zu bedienen: Mit einem Handgriff ist die Bandkassette aufgesetzt; Mikrofon mit Fernbedienung befindet sich griffbereit am Gerät. Günstiger (H·S)-Preis: einschl. Mikrofon mit Fernbedienung, Rundfunk-Anschlußkabel, Ledertasche, Kassette mit Tonband und Batterien 20 kleine Monatsr. à DM 18.95; vorerst nur Anzahlung DM **20.—**

(H+S) GUTSCHEIN H 43

GEMA-Einwilligung vom Erwerber einzuholen!

Mit Rückgaberecht innerhalb 8 Tagen bestelle ich porto- und verpackungsfrei laut Ihren fairen (H·S)-Bedingungen

○ **PHILIPS „Taschenrecorder"**
kompl. Anlage: Anzahlung DM 20.- und 20 kleine Monatsraten je DM 18.95

○ **dazu Netzvorschaltgerät**
keine Anzahlg.; zusätzl. Raten nur je 3.55
Kein Risiko, keine Kosten. Bei Rücksendung wird die Anzahlung sofort zurückerstattet.

An **H+S-Versand** 7 Stuttgart 1 · Postfach 2770

Zuname _________________ Vorname _________________

Beruf _________________ geb. am _________________

Postleitzahl und Wohnort _________________

Straße _________________

Z 27 t   Bitte hier eigenhändige Unterschrift _________________

Philips N2400. Denn am besten klingen MusiCassetten in Stereo.

PHILIPS

Und natürlich Ihre Compact-Cassetten, wenn Sie Stereo-Rundfunksendungen aufgenommen, Stereo-Schallplatten überspielt oder Mikrofon-Aufnahmen in Stereo gemacht haben. Der besondere Genuß: Klassische Musik in Stereo von MusiCassetten. Das Angebot umfaßt alle Bereiche des klassischen Repertoires. Darunter das Gesamtwerk Ludwig van Beethovens.

N 2400: Cassetten-Erlebnis in Stereo. Und das bei problemloser Bedienung. N 2400 — in Verbindung mit den beiden Lautsprecherboxen LFD 3428 (Sonderzubehör) eine komplette Stereo-Anlage für Compact-Cassetten. Mit 2 x 4 W Sinus Ausgangsleistung. Mit getrennter Höhen- und Tiefenregelung, Zählwerk und Pausentaste. N 2400 — seit drei Jahren ein Bestseller. Beweis überlegener Erfahrung. Denn Philips hat das Compact-Cassetten-System entwickelt.

Stereo-Musik von Cassetten — perfekte Aufnahme und Wiedergabe mit dem Philips Stereo-Cassetten-Recorder N 2400. Einer aus dem großen Programm. Gut zu wissen, daß er ein Philips ist.

PHILIPS

COUPON:
Ausschneiden und einsenden an: Deutsche Philips GmbH, 2 Hamburg 1, Postfach 1093. Magnetbandgeräte-Abteilung. Sie erhalten dann kostenlos den Katalog „Alle Klänge dieser Welt".

SL 43

Deutsche Philips GmbH PCS 211/9115

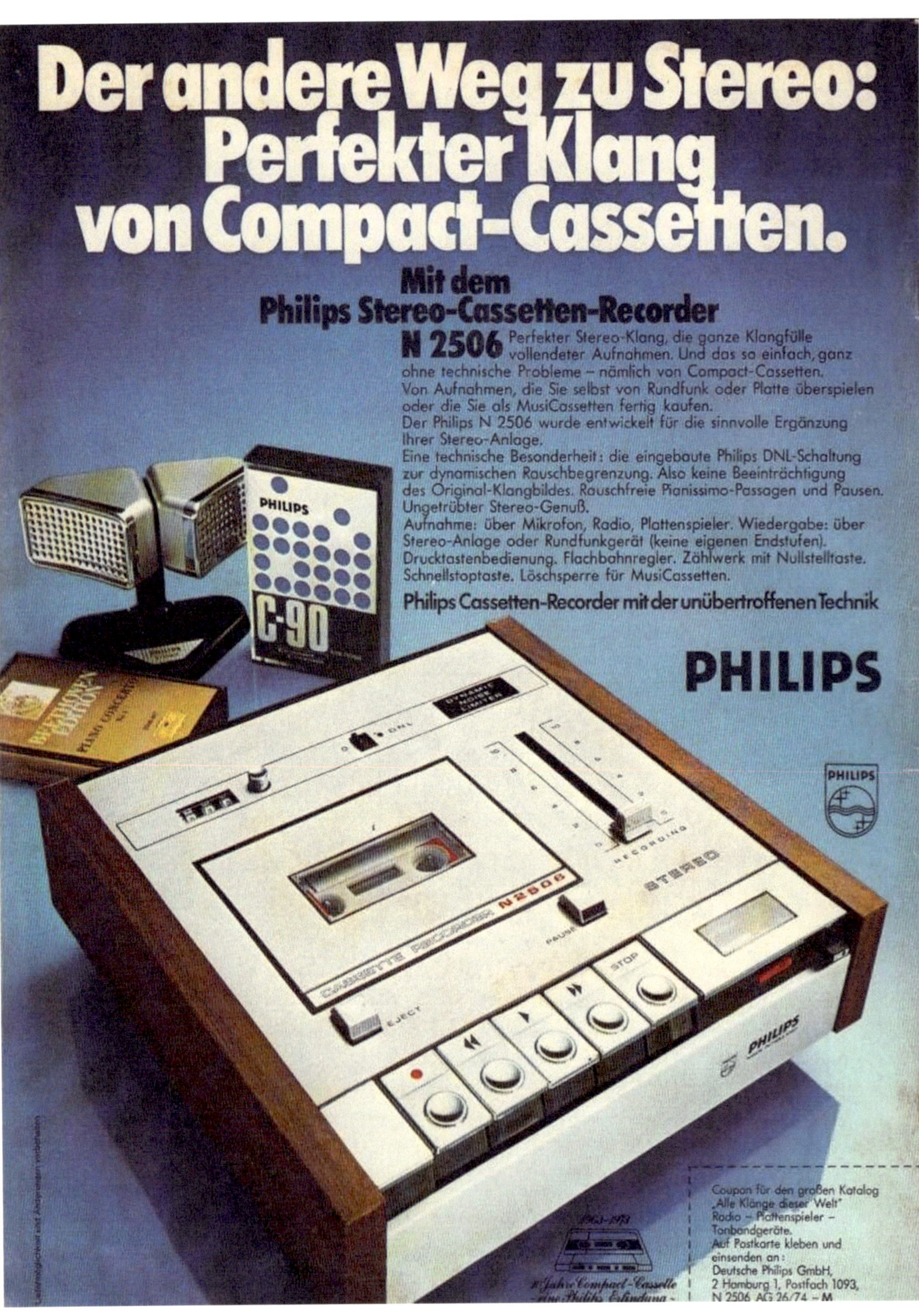

Der andere Weg zu Stereo:
Perfekter Klang
von Compact-Cassetten.

Mit dem
Philips Stereo-Cassetten-Recorder
N 2506 Perfekter Stereo-Klang, die ganze Klangfülle
vollendeter Aufnahmen. Und das so einfach, ganz
ohne technische Probleme – nämlich von Compact-Cassetten.
Von Aufnahmen, die Sie selbst von Rundfunk oder Platte überspielen
oder die Sie als MusiCassetten fertig kaufen.
Der Philips N 2506 wurde entwickelt für die sinnvolle Ergänzung
Ihrer Stereo-Anlage.
Eine technische Besonderheit: die eingebaute Philips DNL-Schaltung
zur dynamischen Rauschbegrenzung. Also keine Beeinträchtigung
des Original-Klangbildes. Rauschfreie Pianissimo-Passagen und Pausen.
Ungetrübter Stereo-Genuß.
Aufnahme: über Mikrofon, Radio, Plattenspieler. Wiedergabe: über
Stereo-Anlage oder Rundfunkgerät (keine eigenen Endstufen).
Drucktastenbedienung. Flachbahnregler. Zählwerk mit Nullstelltaste.
Schnellstoptaste. Löschsperre für MusiCassetten.

Philips Cassetten-Recorder mit der unübertroffenen Technik

PHILIPS

PHILIPS

C-90

DYNAMIC NOISE LIMITER
DNL
RECORDING
STEREO
CASSETTE RECORDER N2506
PAUSE
EJECT
STOP

Coupon für den großen Katalog
„Alle Klänge dieser Welt"
Radio – Plattenspieler –
Tonbandgeräte.
Auf Postkarte kleben und
einsenden an:
Deutsche Philips GmbH,
2 Hamburg 1, Postfach 1093,
N 2506 AG 26/74 – M

Der Fortschritt.

Mit diesem Tonbandgerät wird Ihre HiFi-Anlage komplett: mit dem Philips Cassetten-Recorder N 2510 HiFi. Auf minimalem Raum wurde hier ein Maximum an ausgereifter Magnetband-Technik realisiert. HiFi nach Norm DIN 45 500.
Dennoch ist der Philips N 2510 ein echter Cassetten-Recorder. Leicht und mühelos zu bedienen bei Aufnahme und Wiedergabe. Pianissimo-Passagen und Pausen werden durch die Philips DNL-Schaltung rauschfrei. Automatische Cassetten-Umschaltung: auf Chromdioxid- oder Eisenoxid-Cassetten. Das ist der Fortschritt, den Sie vom Erfinder des Compact-Cassetten-Systems erwarten durften.

Voller HiFi-Klang von Compact-Cassetten.

PHILIPS

Große
klingende Stereo-Welt
von Compact-Cassetten

PHILIPS

mit dem
Philips Cassetten-Recorder
N 2506 DNL

Eine tolle Sache: Ergänzen Sie Ihre Stereo-Anlage oder Ihr Stereo-Radio durch einen Stereo-Cassetten-Recorder ohne eigene Endstufe. Philips N 2506 DNL. Aufnehmen und Abspielen in Stereo. Spielend. Mit eingebauter DNL-Schaltung*.

Mit einem Philips Cassetten-Recorder kaufen Sie Erfinder-Erfahrung und Zuverlässigkeit, die sich millionenfach bewährt hat. N 2506 DNL: Cassetten-Recorder-Spitzentechnik auf kleinstem Raum. Ein echter Philips eben, durch und durch.

Große klingende Stereo-Welt. Übrigens, auf MusiCassetten ist sie schon vorbereitet für Sie.

*DNL reduziert das Grundrauschen des bespielten Bandes ohne Beeinträchtigung des Original-Klangbildes. So werden leise Passagen und Pausen in Musikstücken rauschfrei.

PHILIPS

Aufnahme: über Mikrofon, Radio, Plattenspieler. Wiedergabe: über Stereo-Radio oder Stereo-Anlage. Drucktastenbedienung. Flachbahnregler für Aussteuerung, Zählwerk mit Nullstelltaste; arretierbare Schnellstoptaste.

Philips Cassetten-Recorder gibt es für Netz-/Batteriebetrieb - für Dia- und Schmalfilmvertonung - als Radio-Kombination - für MusiCassetten-Wiedergabe im Auto -, als Stereo-Cassetten-Wechsler.

Coupon 2506   SP50
Bitte ausschneiden und einsenden an:
Deutsche Philips GmbH,
Magnetbandgeräte-Abteilung
2 Hamburg 1, Postfach 1093.
Wir senden Ihnen
dann kostenlos
den Philips Katalog
„Alle Klänge dieser Welt".

Deutsche Philips GmbH. PCS 217/10 36

Der andere Weg zu Stereo:
Perfekter Klang
von Compact-Cassetten.

Mit dem
Philips Stereo-Cassetten-Recorder
N 2407 Philips N 2407 – dieses Tonbandgerät ist
der Mittelpunkt einer Heim-Stereo-Anlage für
Compact-Cassetten. Der eingebaute Stereo-Verstärker mit
2 × 15 W Musikleistung schafft die Basis für einen perfekten
Sound. Die richtigen Boxen bietet das große Philips
Lautsprecher-Angebot. Philips DNL-Schaltung zur dynamischen
Rauschbegrenzung: rauschfreie Pianissimo-Passagen
und Pausen. Automatisches Umschalten auf Chromdioxid- oder
Eisenoxid-Cassetten mit Leuchtanzeige.

Aufnahme über Mikrofon, Radio, Plattenspieler. Wiedergabe
über separate Lautsprecherboxen, Stereo-Anlage oder
Rundfunkgerät. Drucktastenbedienung. Flachbahnregler.
Zählwerk mit Nullstelltaste. Schnellstoptaste.

Also technisch perfekt – und dabei ein echter
Cassetten-Recorder: leicht und mühelos zu bedienen.

Philips Cassetten-Recorder mit der unübertroffenen Technik

PHILIPS

PHILIPS

1963-1973

10 Jahre Compact-Cassette
– eine Philips Erfindung –

Coupon für den großen Katalog
„Alle Klänge dieser Welt"
Radio – Plattenspieler –
Tonbandgeräte.
Auf Postkarte kleben und
einsenden an:
Deutsche Philips GmbH,
2 Hamburg 1, Postfach 1093,
N 2407 SL 47/74 - M

Liefermöglichkeit und Änderungen vorbehalten.

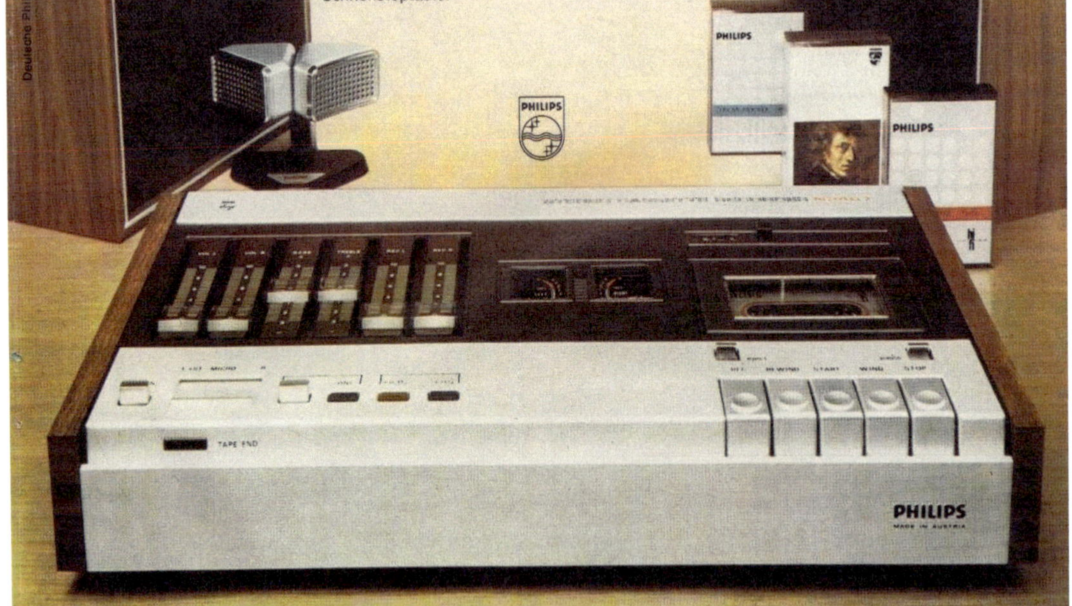

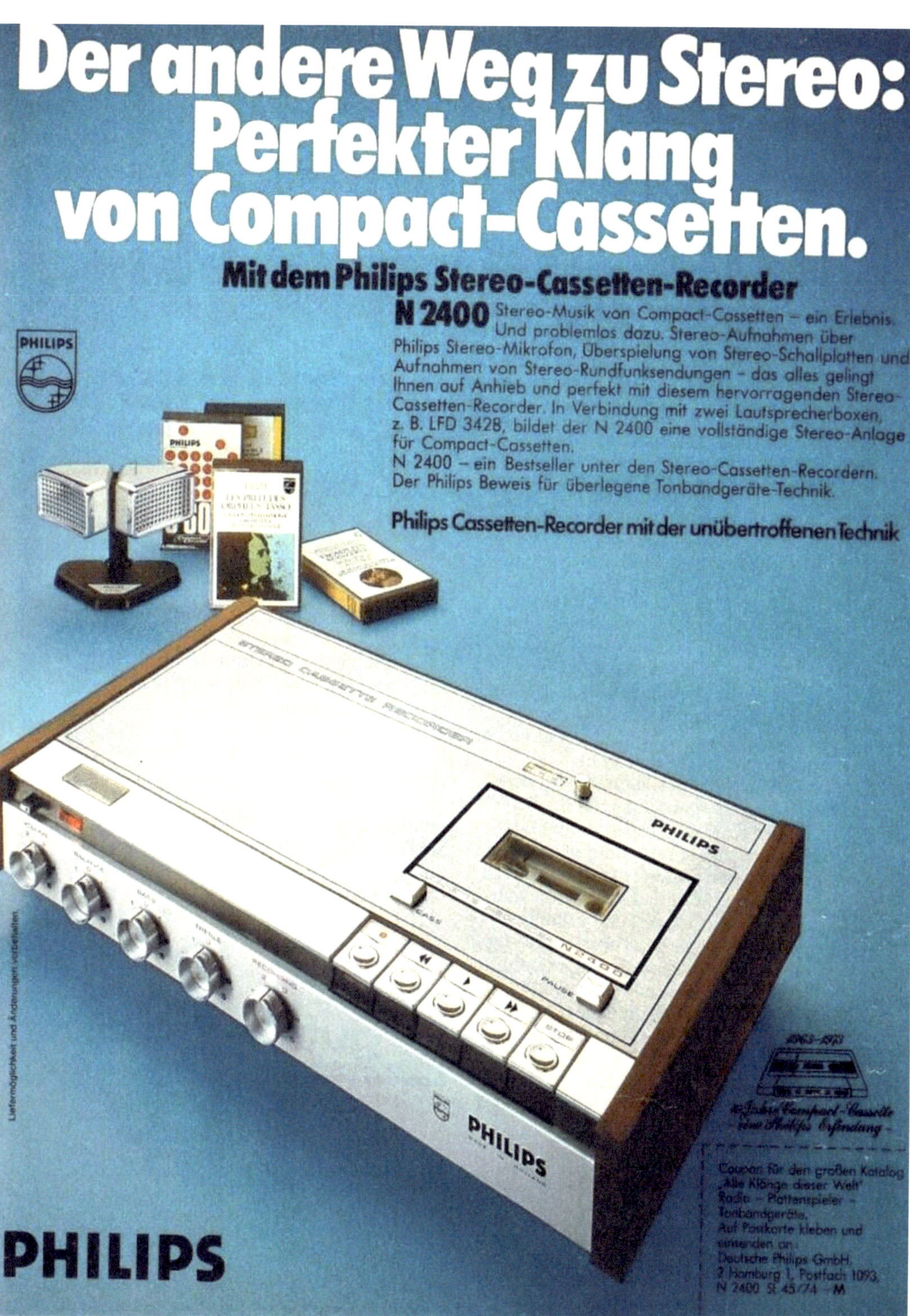

Der andere Weg zu Stereo:
Perfekter Klang
von Compact-Cassetten.
Mit dem Philips Stereo-Cassetten-Recorder
N 2400
PHILIPS
Stereo-Musik von Compact-Cassetten – ein Erlebnis. Und problemlos dazu. Stereo-Aufnahmen über Philips Stereo-Mikrofon, Überspielung von Stereo-Schallplatten und Aufnahmen von Stereo-Rundfunksendungen – das alles gelingt Ihnen auf Anhieb und perfekt mit diesem hervorragenden Stereo-Cassetten-Recorder. In Verbindung mit zwei Lautsprecherboxen, z. B. LFD 3428, bildet der N 2400 eine vollständige Stereo-Anlage für Compact-Cassetten.
N 2400 – ein Bestseller unter den Stereo-Cassetten-Recordern. Der Philips Beweis für überlegene Tonbandgeräte-Technik.
Philips Cassetten-Recorder mit der unübertroffenen Technik
Liefermöglichkeit und Änderungen vorbehalten.
PHILIPS
Coupon für den großen Katalog ,Alle Klänge dieser Welt' Radio – Plattenspieler – Tonbandgeräte.
Auf Postkarte kleben und einsenden an:
Deutsche Philips GmbH, 2 Hamburg 1, Postfach 1093, N 2400 St 45/74 – M

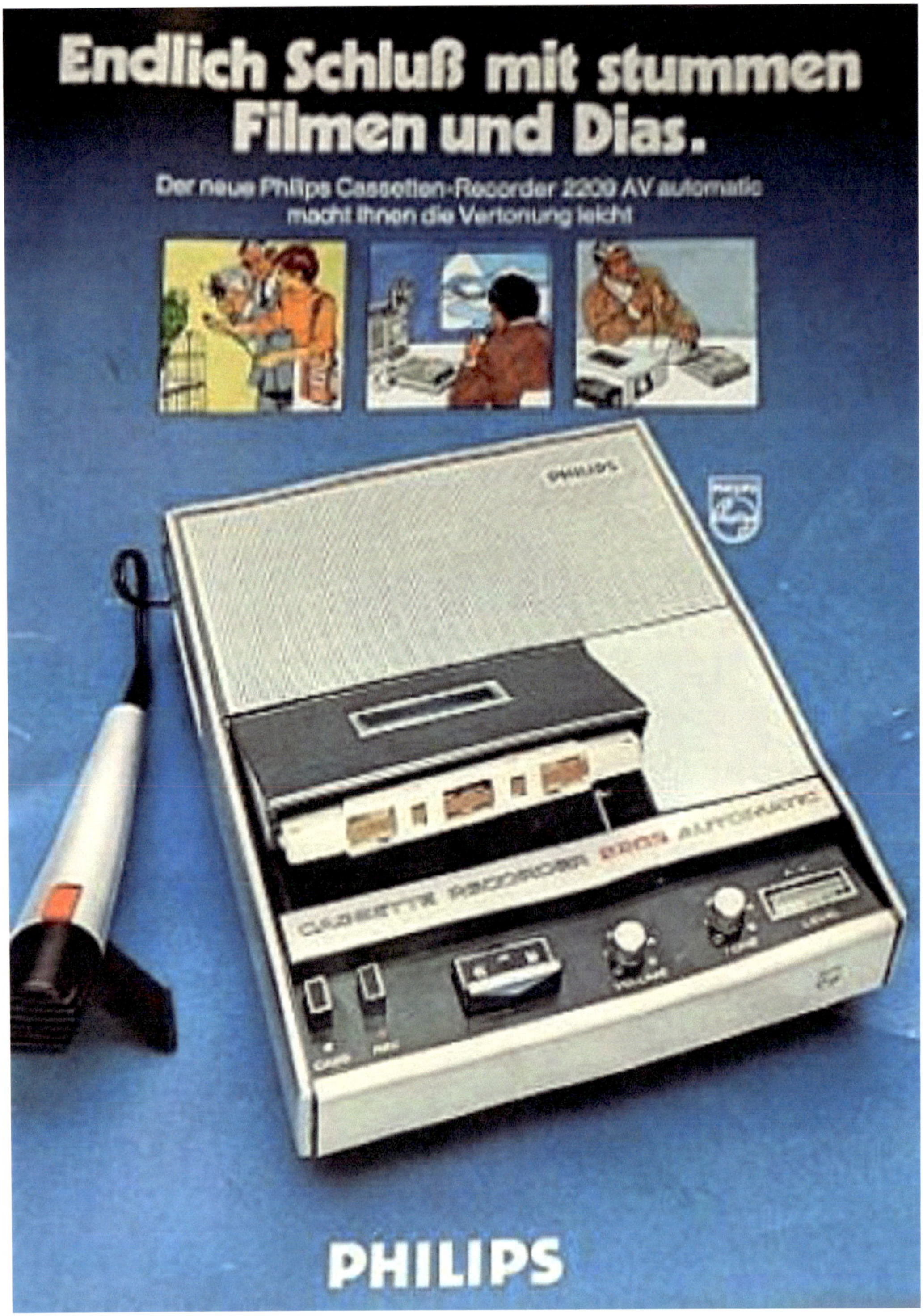

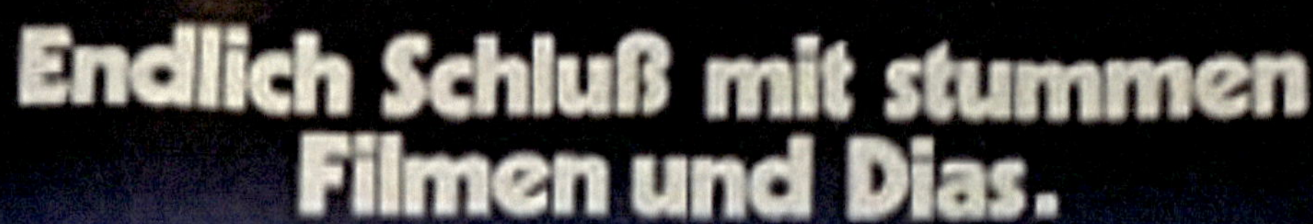

Endlich Schluß mit stummen
Filmen und Dias.
Der neue Philips Cassetten-Recorder 2209 AV automatic
macht Ihnen die Vertonung leicht

PHILIPS

Neuer Bestseller.

Der Philips Cassetten-Recorder N 2221 automatic ist neu.

Und er wird ein Bestseller.

Weiß man das vorher? Philips weiß es. Denn kein anderer hat längere Erfahrungen als der Erfinder des Compact-Cassetten-Systems. Philips stellte vor 10 Jahren der Welt den ersten Cassetten-Recorder vor — einen Bestseller — und seitdem eine ganze Familie bis hin zu HiFi.

Und jetzt neu: Philips Cassetten-Recorder N 2221 automatic. Ein Bestseller — worauf Sie sich verlassen können.

Philips Cassetten-Recorder mit der unübertroffenen Technik

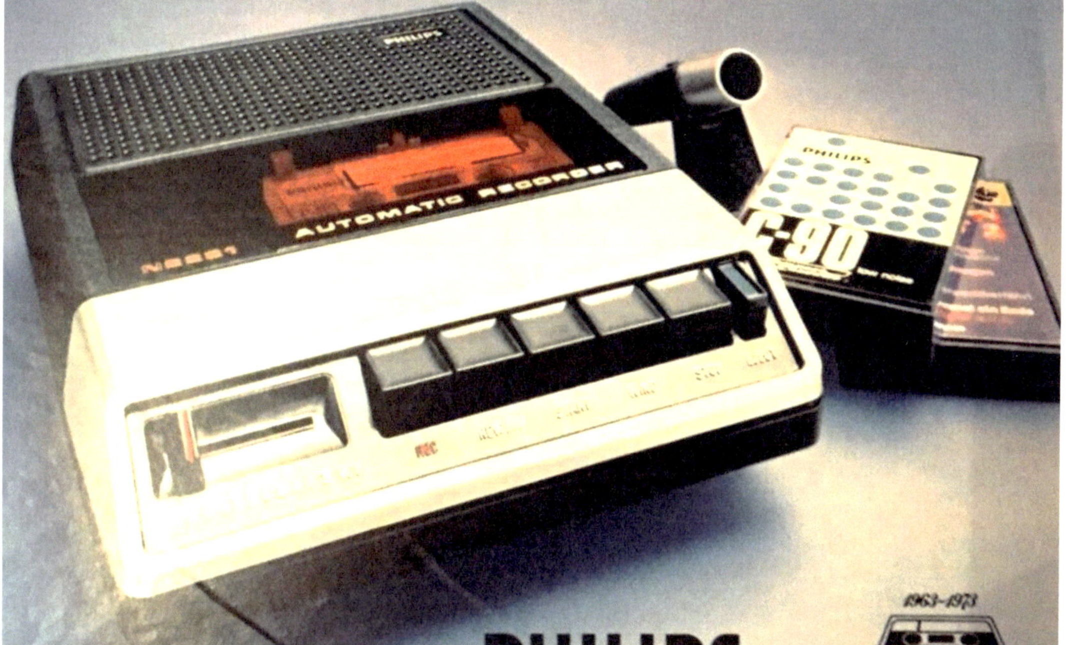

PHILIPS

Philips Cassetten-Recorder N 2221 automatic.
Netz- und Batteriebetrieb, Aussteuerungsautomatic, Bedienung mit Drucktasten und einem Schieberegler.

Lieferung mit separatem Mikrofon mit Fernbedienung, Überspielkabel, Netzkabel und Compact-Cassette.

Coupon N 2221

Ausschneiden und einsenden an: Deutsche Philips GmbH, 2 Hamburg 1, Postfach 1095, Magnetbandgeräte-Abteilung. Sie erhalten dann kostenlos den Katalog „Alle Klänge dieser Welt".

Ein Neuer aus dem großen Cassetten-Recorder-Programm von Philips. Überall einzusetzen. Gleich mit Tragetasche, Fernbedienungs-Mikrofon, Compact-Cassette C-60, Überspiel- und Netzkabel.

Spielt am Netz und mit Batterien. Da kommen Ihre Cassetten in Schwung. N 2204. Nicht zu überhören, nicht zu übersehen. Und innen: Aufnahme-Automatik (Aufnahmen werden automatisch ausgesteuert), Klangregler, Extra-Taste fürs Cassettenfach, eingebaute Zuverlässigkeit. Kurz: Er ist technisch perfekt *) und problemlos zu bedienen. Das können Sie von einem Philips Cassetten-Recorder erwarten. Denn Philips hat das Compact-Cassetten-System entwickelt.

Übrigens, sollten Sie Dias oder Schmalfilme vertonen wollen: Philips N 2209 automatic. Das gleiche Gerät, jedoch mit eingebautem Impulskopf. Fragen Sie Ihren Fachhändler.

PHILIPS

*) Für Kenner:
Hochfrequenzlöschung, Frequenzbereich 80—10.000 Hz, elektronisch geregelter Motor, sparsamer Batterieverbrauch, Normanschluß für Verstärker und Radio, echter Lautsprecher-Anschluß, Dynamik über 45 dB.

COUPON:
Ausschneiden und einsenden an: Deutsche Philips GmbH, 2 Hamburg 1, Postfach 1093. Magnetbandgeräte-Abteilung. Sie erhalten dann kostenlos den Katalog „Alle Klänge dieser Welt".

AMS 9

MINI K7 - Le plus petit et le plus simple des magnétophones à cassettes. Fonctionne sur piles, prise pour haut-parleur supplémentaire.

MONO K7 - Appareil secteur avec contrôle de tonalité et réglage automatique du niveau d'enregistrement.

STEREO K7 - Magnétophone K7 stéréo, 4 pistes, fonctionne sur secteur, 2 enceintes acoustiques, micro stéréo.

RADIO K7 - Transistor combiné Radio (AM - FM) et Magnétophone à cassette. Enregistrement direct par la radio et par micro.

Petit magnétophone pour grande musique
Magi K7 PHILIPS
encore plus musical et tout aussi simple

Comme son cadet le MINI K7, le MAGI K7 vous permet d'enregistrer et d'écouter tout ce qui vous plaît, quand il vous plaît, où il vous plaît.

Encore plus puissant, encore plus musical, le MAGI K7 est muni d'un haut-parleur de grande taille : avec lui, les mélomanes profitent davantage de leurs œuvres favorites.

Pour le charger, aucun problème. Il suffit d'enclencher la cassette qui contient la bande magnétique (plus aucune manipulation de bande). Pour enregistrer : un bouton à pousser... pour écouter, un bouton à pousser !

Et il se transporte partout dans une sacoche très élégante.

Le MAGI K7 ?... une technique avancée, un fonctionnement enfantin, une musicalité parfaite.

Documentation et démonstration sur demande à PHILIPS, 48, avenue Montaigne Paris 8e - 41, rue de Paradis Paris 10e et chez tous les revendeurs spécialisés Magnétophones Philips.

Alles drin.

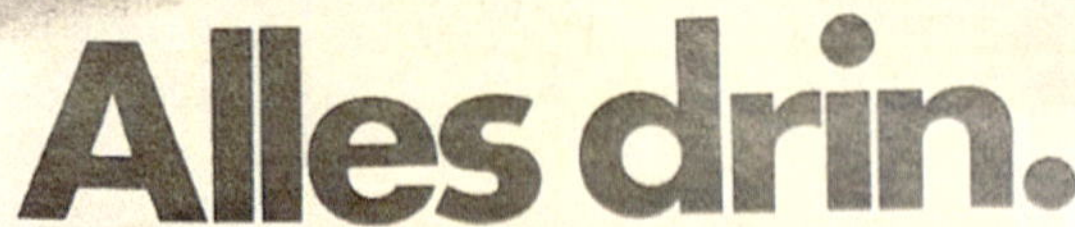

PHILIPS

Beide technisch perfekt, komplett und ausgereift.
Netzteil? Eingebaut!
Aussteuerungsautomatik? Eingebaut!

Elektronisch geregelter Motor und — was auch nicht ganz
unwichtig ist — eingebaute Philips-Zuverlässigkeit.

Also alles drin, gleich, welchen von beiden Sie nehmen.

Philips Cassetten-Recorder mit der unübertroffenen Technik

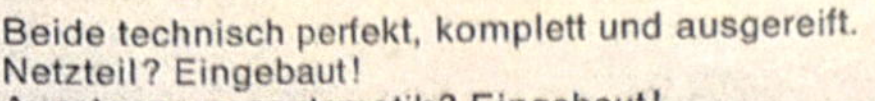

PHILIPS

N 2204 automatic: Netz- und Batteriebetrieb, Aussteuerungs-
automatik, Einknopfbedienung, Lieferung mit separatem Mikrofon
mit Fernbedienung, Tragetasche, Überspielkabel, Netzkabel und
Compact-Cassette.

N 2225 automatic: Netz- und Batteriebetrieb, Aussteuerungs-
automatik, Zählwerk, eingebautes, herausnehmbares Electret-Mikrofon
(modernes Kondensator-Mikrofon: mechanische Erschütterungen
erzeugen keine Schallstörungen), Bedienung mit Drucktasten
und Studio- Reglern. Lieferung mit Überspielkabel, Netzkabel
und Compact-Cassette.

Coupon N 2204/N 2225

Bitte ausschneiden und einsenden
an : Deutsche Philips GmbH,
Magnetbandgeräte-Abteilung
Hamburg 1, Postfach 1093
Wir senden Ihnen dann kostenlos
den Philips Katalog
"Alle Klänge dieser Welt".

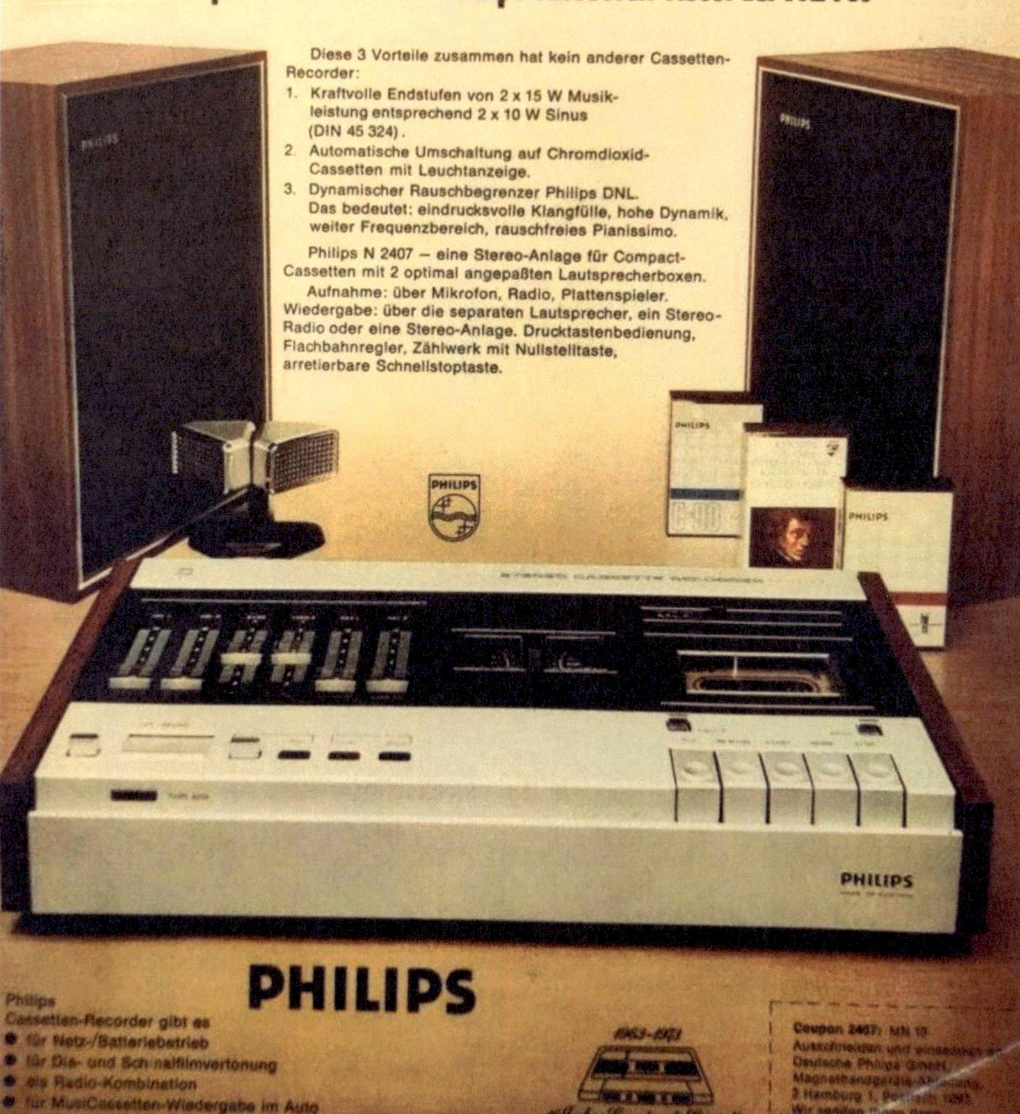

Große
klingende Stereo-Welt
von Compact-Cassetten

noch perfekter mit dem Philips Cassetten-Recorder N 2407

Diese 3 Vorteile zusammen hat kein anderer Cassetten-Recorder:

1. Kraftvolle Endstufen von 2 x 15 W Musikleistung entsprechend 2 x 10 W Sinus (DIN 45 324).
2. Automatische Umschaltung auf Chromdioxid-Cassetten mit Leuchtanzeige.
3. Dynamischer Rauschbegrenzer Philips DNL. Das bedeutet: eindrucksvolle Klangfülle, hohe Dynamik, weiter Frequenzbereich, rauschfreies Pianissimo.

Philips N 2407 — eine Stereo-Anlage für Compact-Cassetten mit 2 optimal angepaßten Lautsprecherboxen.
Aufnahme: über Mikrofon, Radio, Plattenspieler. Wiedergabe: über die separaten Lautsprecher, ein Stereo-Radio oder eine Stereo-Anlage. Drucktastenbedienung, Flachbahnregler, Zählwerk mit Nullstelltaste, arretierbare Schnellstoptaste.

PHILIPS

Philips
Cassetten-Recorder gibt es
• für Netz-/Batteriebetrieb
• für Dia- und Schmalfilmvertonung
• als Radio-Kombination
• für MusiCassetten-Wiedergabe im Auto
• als Stereo-Cassetten-Wechsler

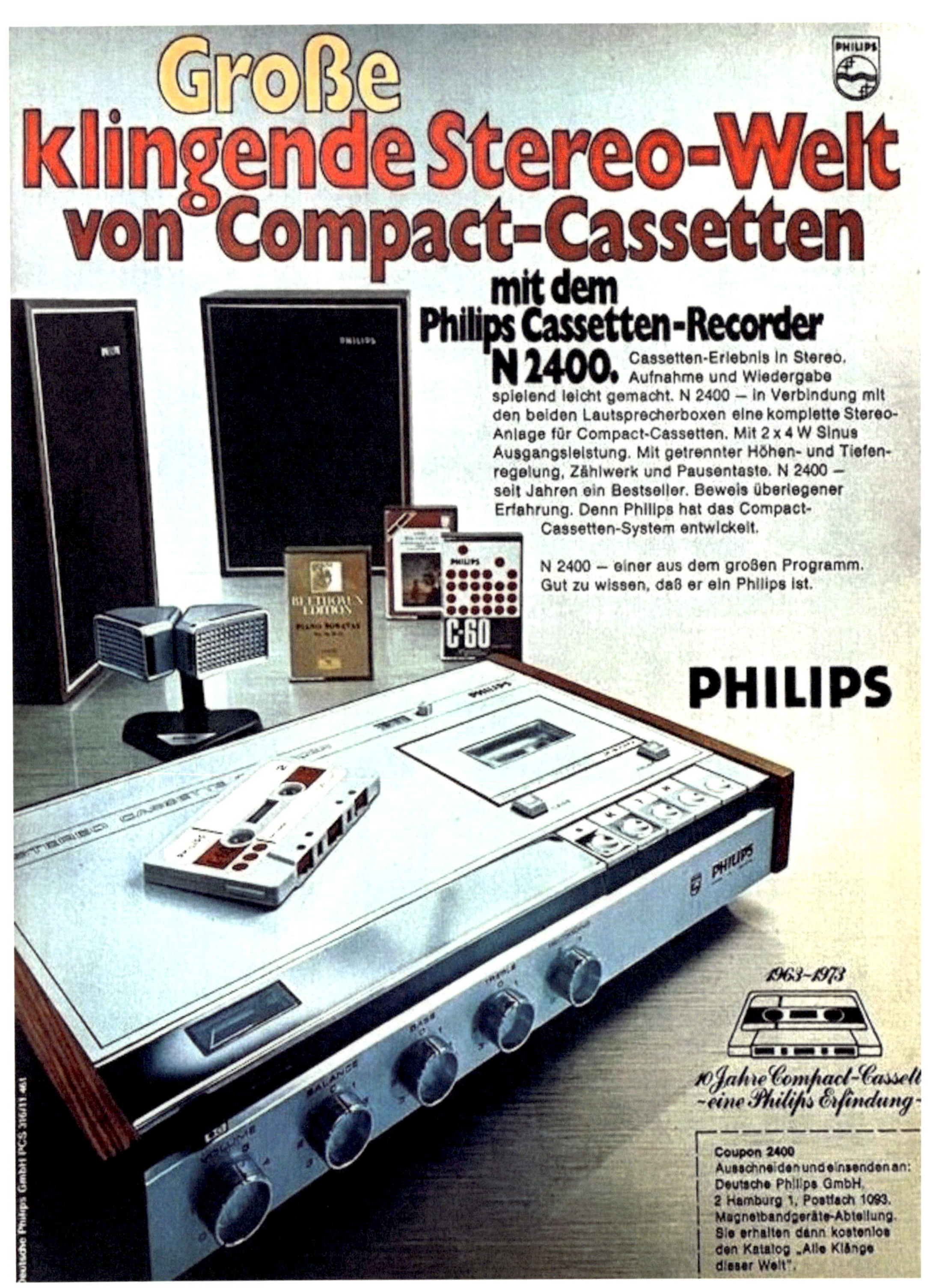

Große
klingende Stereo-Welt
von Compact-Cassetten

mit dem
Philips Cassetten-Recorder
N 2400.
Cassetten-Erlebnis in Stereo.
Aufnahme und Wiedergabe
spielend leicht gemacht. N 2400 — in Verbindung mit
den beiden Lautsprecherboxen eine komplette Stereo-
Anlage für Compact-Cassetten. Mit 2 x 4 W Sinus
Ausgangsleistung. Mit getrennter Höhen- und Tiefen-
regelung, Zählwerk und Pausentaste. N 2400 —
seit Jahren ein Bestseller. Beweis überlegener
Erfahrung. Denn Philips hat das Compact-
Cassetten-System entwickelt.

N 2400 — einer aus dem großen Programm.
Gut zu wissen, daß er ein Philips ist.

PHILIPS

PHILIPS

C-60

BEETHOVEN
EDITION
PIANO SONATAS

1963-1973
10 Jahre Compact-Cassette
~eine Philips Erfindung~

Coupon 2400
Ausschneiden und einsenden an:
Deutsche Philips GmbH,
2 Hamburg 1, Postfach 1093,
Magnetbandgeräte-Abteilung.
Sie erhalten dann kostenlos
den Katalog „Alle Klänge
dieser Welt".

Deutsche Philips GmbH PCS 306/11 461

prendi qualità Philips
prezzo giovane
PHILIPS
automatic cassette recorder n2208
ELECTRET
NUOVO K7 REGISTRATORE
N 2208 nuovo K7
Registratore a
cassette automatico.
Alimentazione mista.
Microfono incorporato.
PHILIPS
intermarco - farner

Philips Radio Recorder
RR 712
PHILIPS
C-60
PHILIPS

Sieben auf einen Streich
● Radio hören ● Rundfunksendungen hören und zugleich auf Compact-Cassette aufnehmen
● MusiCassetten abspielen ● über Mikrofon Sprach- oder Musikaufnahmen machen ● Schallplatten aufnehmen
● Tonbänder überspielen ● Netz- und Batteriebetrieb
Philips Radio Recorder RR 712. Ideale Kombination von Kofferradio und Cassetten-Tonbandgerät. Beweis überlegener Erfahrung, die sich Philips als Entwickler des Compact-Cassetten-Systems und von Radio-Recordern erworben hat. Beispiel europäischer Spitzenqualität. Eben Philips.
RR 712. Einer aus dem überzeugenden Philips Radio Recorder-Programm, einer von sieben.
Philips RR 712. Oder: Sieben auf einen Streich.

PHILIPS

Sieben Punkte zur Technik
4 Wellenbereiche
Hervorragendes Klangvolumen
Elektronisch geregelter Motor
Aufnahmeautomatik — elektronisch
Automatische UKW-Scharfabstimmung
Autoantennen-Anschluß
Mikrofon und Leer-Cassette C-60 werden mitgeliefert

Deutsche Philips GmbH PCS 216/9672

PHILIPS
Für Batterie- und Netzbetrieb

COUPON:
Ausschneiden und einsenden an: Deutsche Philips GmbH. 2 Hamburg 1, Postfach 1093. Rundfunkgeräte-Abteilung. Sie erhalten dann kostenlos den Katalog „Alle Klänge dieser Welt".

Die Vielseitigen.

Philips Radio-Recorder: die perfekte Einheit aus Kofferradio und
Cassetten-Tonbandgerät. Ein Triumph der Vielseitigkeit. Ausgereifte
Technik… einfache Bedienung… hohe Zuverlässigkeit – eine
Selbstverständlichkeit für Philips Radio-Recorder. Selbstverständlich,
weil Philips zuerst diese revolutionierende Idee hatte und auch die
erste optimale Lösung präsentierte. Daraus wurde eine ganze Familie.
Ein ausgereiftes Geräte-Konzept, wie man es vom Erfinder des
Compact-Cassetten-Systems erwarten darf: große Leistung zum
günstigen Preis.
RR 200 und RR 622: zwei aus einem großen Programm.

Radio-Recorder—eine Philips Idee!

Philips Radio-Recorder RR 622
5 Wellenbereiche. UKW, MW, LW, KW 1 (49m), KW 2 (13–41m).
Kurzwellenlupe. Automatische UKW-Scharfabstimmung.
Ausgangsleistung 2,5 Watt.
Drucktastenbedienung. Flachbahnregler für Lautstärke.
Automatischer Bandstop. Netz- und Batteriebetrieb.
Anschlüsse für Mikrofon, Plattenspieler und Kleinhörer.
Mit Mikrofon und Leercassette.

Philips Radio-Recorder RR 200
UKW, MW. Eingebautes
Cassetten-Tonbandgerät.
Netz- und Batteriebetrieb.
Automatische UKW-Scharfabstimmung.
Elektronische Aussteuerungs-Automatik.
Elektronisch geregelter Cassengeräte-Motor.
Anschlüsse für Mikrofon, Plattenspieler und Kleinhörer.
Mit Mikrofon und Leercassette.

Coupon
für den großen Katalog
„Alle Klänge dieser Welt"
Radio – Plattenspieler –
Tonbandgeräte.
Auf Postkarte kleben und
einsenden an:
Deutsche Philips GmbH,
2 Hamburg 1, Postfach 1093,
RR 200 MD 23/74 – R

10 Jahre Compact-Cassette
– eine Philips Erfindung –

Der Fortschritt.

Mit diesem Tonbandgerät wird Ihre HiFi-Anlage komplett: mit dem Philips Cassetten-Recorder N 2510 HiFi. Auf minimalem Raum wurde hier ein Maximum an ausgereifter Magnetband-Technik realisiert. HiFi nach Norm DIN 45 500.

Dennoch ist der Philips N 2510 ein echter Cassetten-Recorder. Leicht und mühelos zu bedienen bei Aufnahme und Wiedergabe. Pianissimo-Passagen und Pausen werden durch die Philips DNL-Schaltung rauschfrei. Automatische Cassetten-Umschaltung: auf Chromdioxid- oder Eisenoxid-Cassetten. Das ist der Fortschritt, den Sie vom Erfinder des Compact-Cassetten-Systems erwarten durften.

Voller HiFi-Klang von Compact-Cassetten.

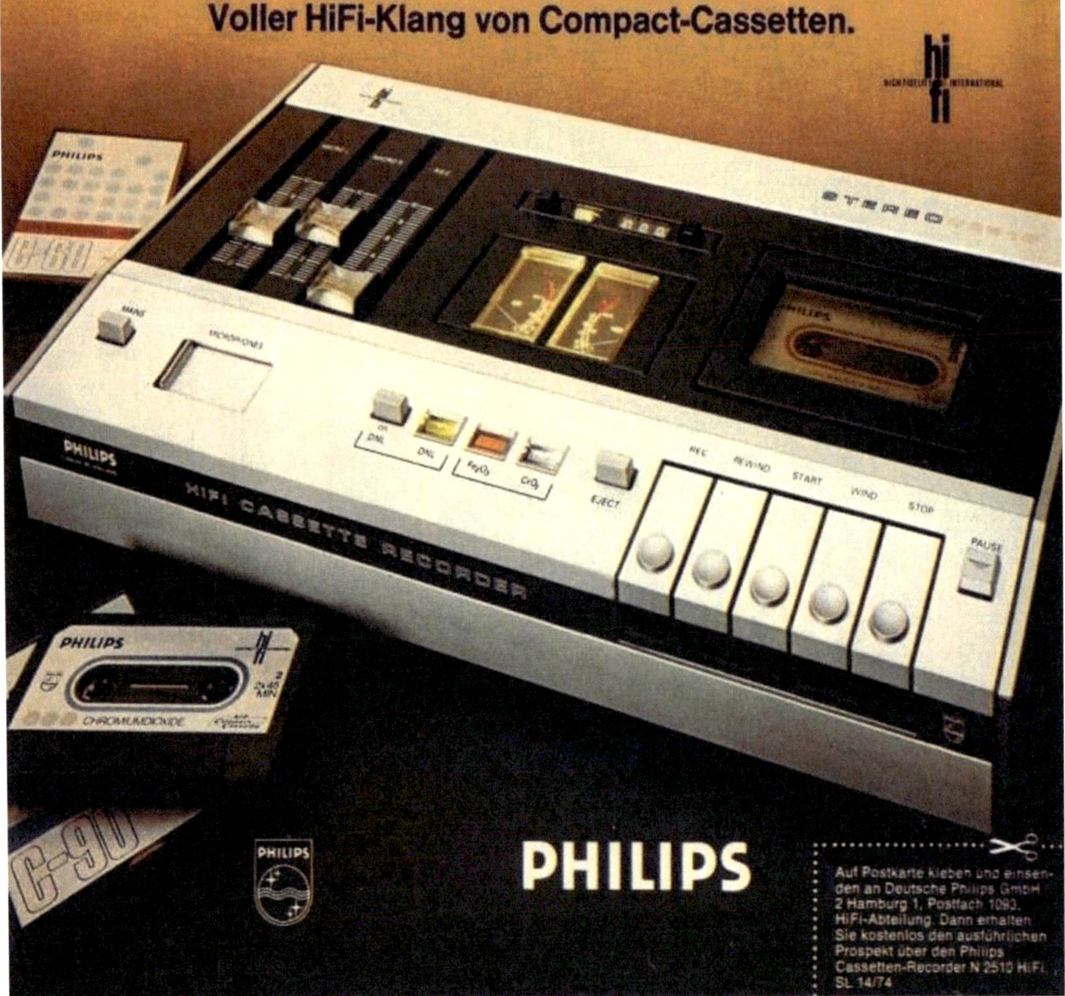

PHILIPS

N 2203 automatic mit Spezial-Netzteil. Ein Original Philips.

FÜR BATTERIE NETZ BETRIEB

Ein Neuer aus dem Cassetten-Recorder-Programm von Philips. Überall einzusetzen. Spielt am Netz und mit Batterien. Geringes Gewicht. Geringe Abmessungen. Denn das Netzteil ist im Stecker des Netzkabels untergebracht. Tragetasche, Fernbedienungs-Mikrofon, Überspielkabel, Compact-Cassette und das Netzkabel gehören gleich dazu.

N 2203. Nicht zu überhören, nicht zu übersehen. Da kommen Ihre Cassetten in Schwung. Aufnahme-Automatik (Aufnahmen werden automatisch ausgesteuert), Extra-taste fürs Cassettenfach, eingebaute Zuverlässigkeit. Kurz: Er ist technisch perfekt* und problemlos zu bedienen. Das können Sie von einem Philips Cassetten-Recorder erwarten. Denn Philips hat das Compact-Cassetten-System entwickelt.

PHILIPS

PHILIPS

Hits à go go

AUTOMATIC N2203

LEVEL

*Für Kenner:
Hochfrequenzlöschung, Frequenz-bereich 80-10.000 Hz,
elektronisch geregelter Motor,
sparsamer Batterieverbrauch,
Normanschluß für Verstärker und Radio,
echter Lautsprecher-Anschluß,
Dynamik über 45 dB.

PHILIPS

COUPON:
Ausschneiden und ein-senden an:
Deutsche Philips GmbH,
2 Hamburg 1, Postfach 1093
Magnetbandgeräte-Abteilung.
Sie erhalten dann kostenlos den Katalog
„Alle Klänge dieser Welt"

leichter beweglich...

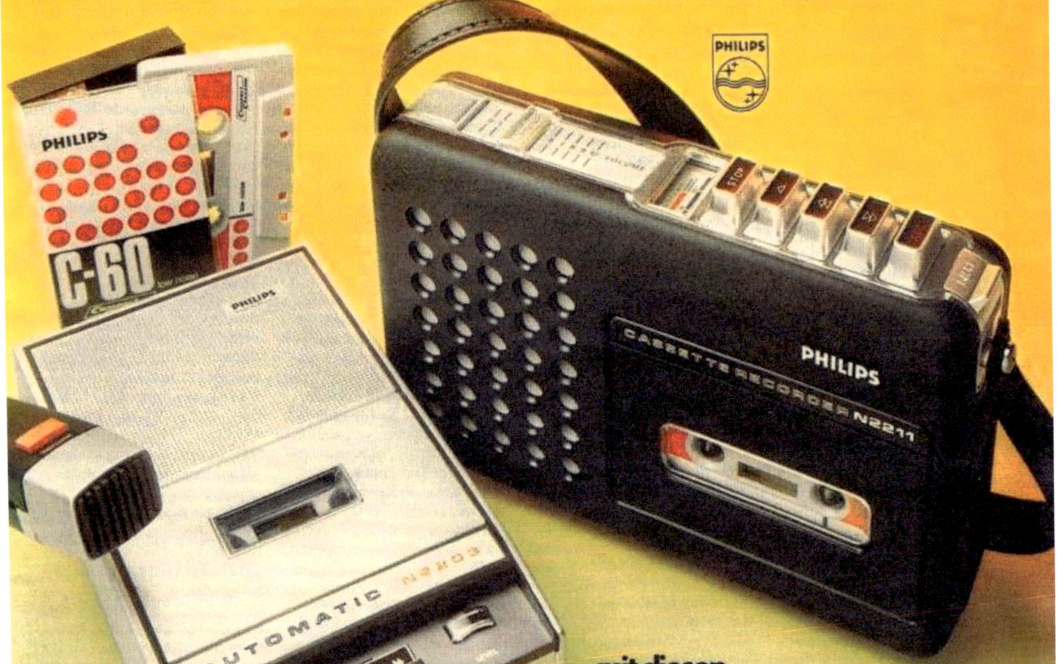

...mit diesen
Philips Cassetten-Recordern

Jetzt können Sie zu Hause lassen, was Sie unterwegs nicht brauchen: das Netzteil. Diese Cassetten-Recorder sind kleiner, leichter, beweglicher. Und zu Hause – holen Sie den „Saft" vom Netz und schonen die Batterien.

N 2211 automatic: Netz- und Batteriebetrieb, Aussteuerungsautomatik, Drucktastenbedienung, Flachbahnregler für Lautstärke, elektronisch geregelter Motor, eingebautes Electret-Mikrofon (Kondensator-Mikrofon) mit dem besonderen Schutz gegen störenden Körperschall. Gleich dabei: Netzteil*, Compact-Cassette, Überspielkabel und Trageriemen.

N 2203 automatic: Netz- und Batteriebetrieb, Aussteuerungsautomatik, Einknopfbedienung, elektronisch geregelter Motor. Gleich dabei: Mikrofon mit Fernbedienung, Netzteil*, Compact-Cassette, Überspielkabel und Tragetasche.

Übrigens, ob drinnen oder draußen: Auf Philips Cassetten-Recorder können Sie sich fest verlassen.

* Spezial-Netzstecker mit eingebautem Netzteil

Deutsche Philips GmbH, PCS 311/11.343

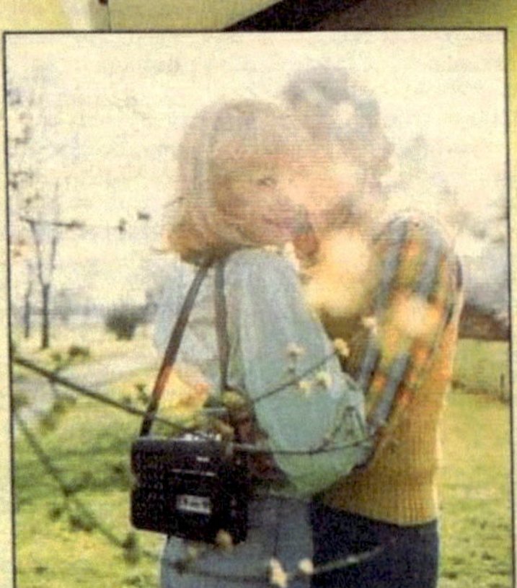

PHILIPS

Philips Cassetten-Recorder mit der unübertroffenen Technik

Bitte ausschneiden und einsenden an: Deutsche Philips GmbH, Magnetbandgeräte-Abteilung Hamburg 1, Postfach 1093 Wir senden Ihnen dann kostenlos den Philips Katalog „Alle Klänge dieser Welt".

AT 10

PHILIPS
D 8534 COMPO SOUNDMACHINE
Stereo

Hi-Fi
Hi-Fi

musica oltre per chi è già domani

PHILIPS
L'HI-FI PORTATILE

La Sound Machine Philips
è un vero e proprio HI-FI
portatile! La sua musica
perfetta e potente (fino a
70 Watt) ti segue dove
vuoi: nei tuoi viaggi, alle
feste, all'aperto! Le casse
acustiche sono separabili
dall'unità centrale per
creare il migliore effetto
stereofonico in ogni
ambiente. Anche quando gli altoparlanti restano uniti al corpo dell'apparecchio il Controllo Spatial Stereo
consente un effetto stereofonico ad ampia spazialità. Le Sound Machine Philips offrono, con la loro
versatilità, prestazioni HI-FI. Tutta la tecnologia d'avanguardia
è presente nelle Sound Machine Philips:
l'altissima qualità è uno standard, non un "extra".

PHILIPS
DIVISIONE HI-FI

DA PHILIPS, IL CREATORE DEL COMPACT DISC.

PHILIPS
MUSIC
MOVING SOUND
STEREO CASSETTE PLAYER
PHILIPS
DAY 86
SPIKKIO
PHILIPS
Il primo riproduttore a cassette in cuffia
stereo con altoparlante incorporato!
Quindi lo puoi ascoltare sia da solo che
insieme ai tuoi amici.

Radioregistra
tasto per registrare
automaticamente
i programmi radio preferiti
radio
AM/FM
RR 332
RADIORECORDER
Radioregistratore RR 332: un solo apparecchio
che riunisce una radio AM/FM (con controllo
automatico di frequenza) ed un registratore
per trasferire su cassetta
i programmi radio senza uso del microfono.
PHILIPS
Concorso "Radioregistra e vinci" D.M. 2/25.85.85
Partecipate all'estrazione di prestigiosi complessi Hi-Fi.
Acquistando un radioregistratore Philips
basta registrare in diretta il vostro programma
preferito e inviare la cassetta a: Milano
Philips, Piazza IV Novembre 3, Milano
Ricorrete norme dettagliate del
concorso al momento del
acquisto di un radioregistra
tore Philips

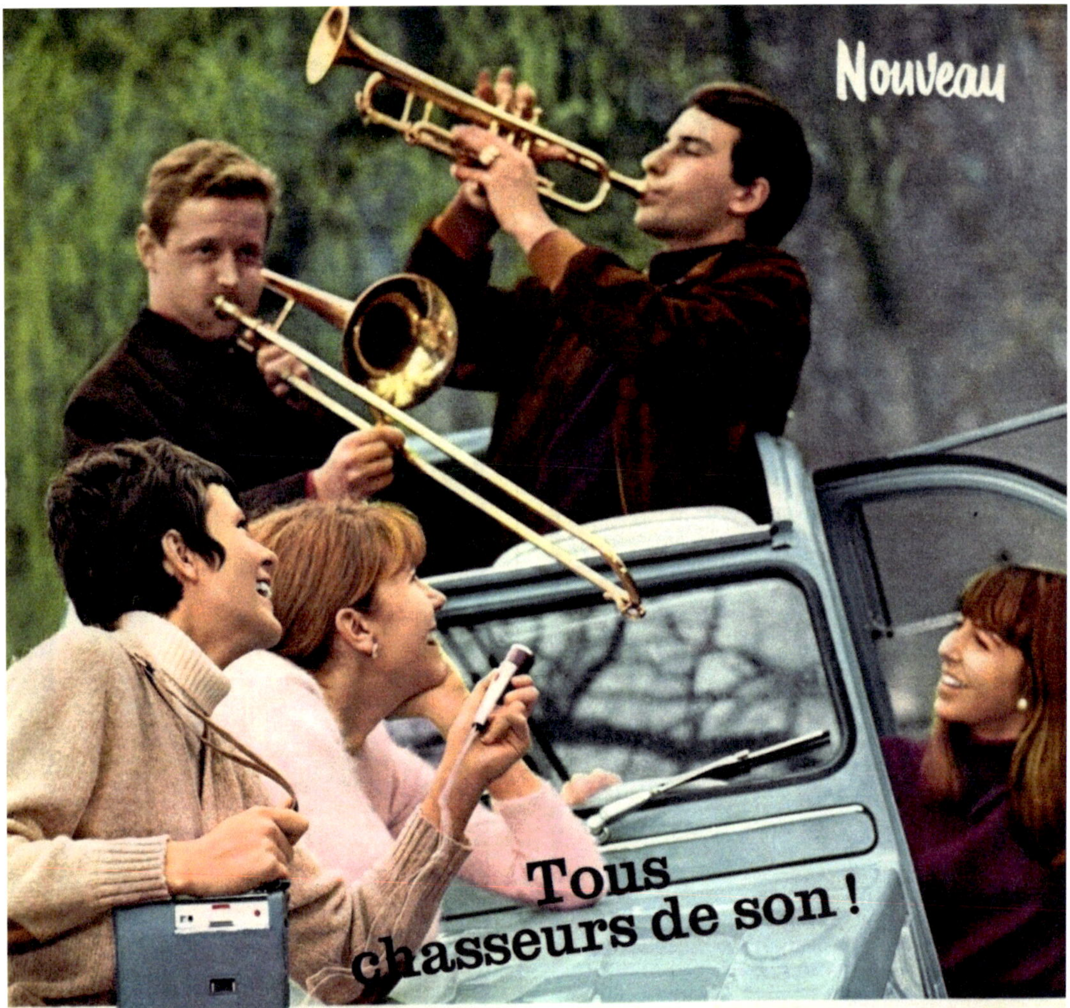

Fourni avec micro à télécommande, une cassette et sacoche en cuir :

495 F + T.L

Instruments Paul BEUSCHER

avec le MAGNETOPHONE PHILIPS

EL 3300

TOUT TRANSISTORS A PILES

Micro à télécommande ! Votre magnétophone étant prêt à enregistrer, vous ne vous en occupez plus. Vous commandez tout d'une seule main, celle qui tient le micro. Un seul geste du pouce sur le micro pour enregistrer ou pour arrêter.

2 secondes pour changer de cassette ! Les deux bobines sont dans une seule cassette fermée que vous mettez en place en 2 secondes, sans même toucher à la bande qui s'enclenche automatiquement. C'est aussi facile que de mettre une pièce dans un distributeur automatique.

5 heures de musique entre 2 doigts ! Chaque cassette à bande double piste contient une heure d'audition. Entre le pouce et l'index, vous tenez 5 heures de musique ou de documents sonores que vous pouvez emporter et écouter partout.

Mettez votre magnétophone Philips EL 3300 en bandoulière et partez en chasse. Petit, léger, il ne vous encombre pas plus qu'un appareil photo. Vous assistez à une fête folklorique... Il est là. Sur la plage, vous écoutez jouer les enfants... il écoute aussi. Il est partout avec vous. Il entend tout. Il conserve tout, pour vous. Et maintenant, écoutez-le : quelle fidélité ! Et il vous permet aussi d'emporter partout votre musique préférée.

Documentation ou démonstration sur demande à Philips 48 avenue Montaigne PARIS 8e.

Ph. Pataud

ELVINGER 14430

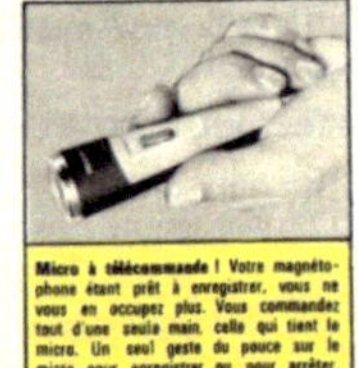

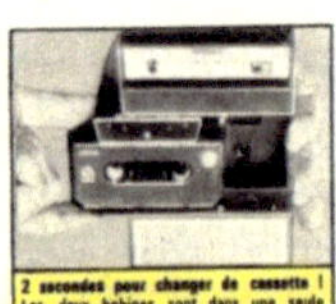

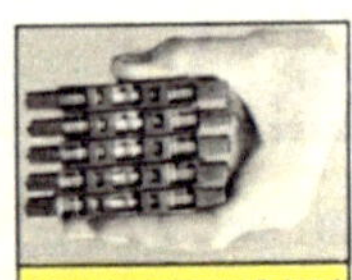

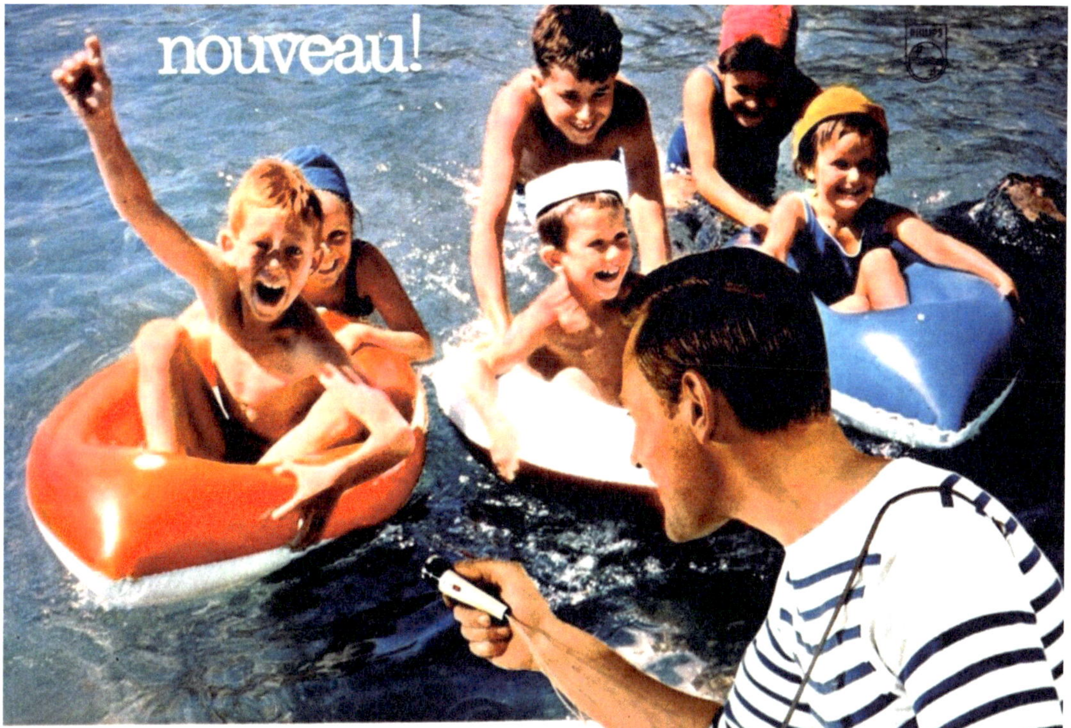

Tous "chasseurs de son" avec le

MAGNETOPHONE PHILIPS EL 3300

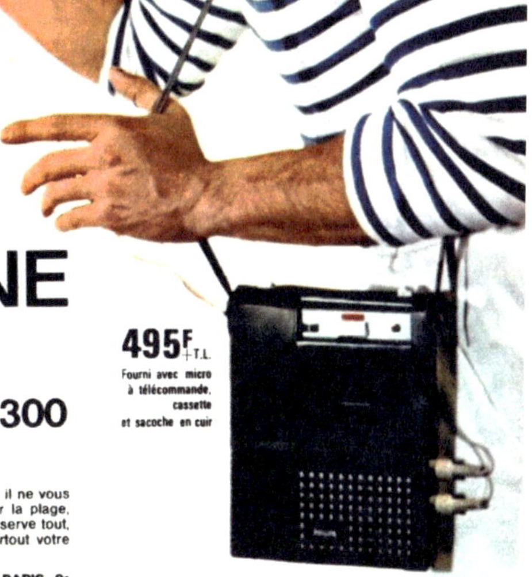

495F + T.L.

Fourni avec micro à télécommande, cassette et sacoche en cuir

TOUT TRANSISTORS, A PILES

Mettez votre magnétophone Philips EL 3300 en bandoulière et partez en chasse. Petit, léger, il ne vous encombre pas plus qu'un appareil photo. Vous assistez à une fête folklorique... il est là. Sur la plage, vous écoutez jouer les enfants... il écoute aussi. Il est partout avec vous. Il entend tout. Il conserve tout, pour vous. Et maintenant, écoutez-le : quelle fidélité ! Et il vous permet aussi d'emporter partout votre musique préférée.

Documentation ou démonstration sur demande à Philips, 48, avenue Montaigne PARIS 8e

ELVINGER 14347 Ph. Pataut — Rapho

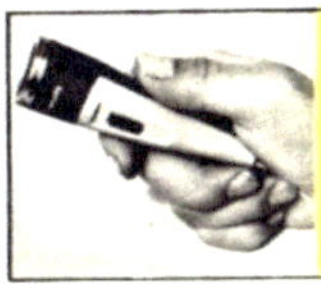

Micro à télécommande : Votre magnétophone étant prêt à enregistrer, vous ne vous en occupez plus. Vous commandez tout d'une seule main, celle qui tient le micro. Un seul geste du pouce sur le micro pour enregistrer ou pour arrêter.

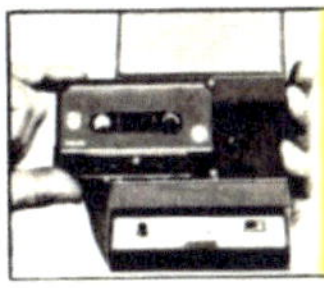

2 secondes pour changer de cassette : Les deux bobines sont dans une seule cassette fermée que vous mettez en place en 2 secondes, sans même toucher à la bande qui s'enclenche automatiquement. C'est aussi facile que de mettre une pièce dans un distributeur automatique.

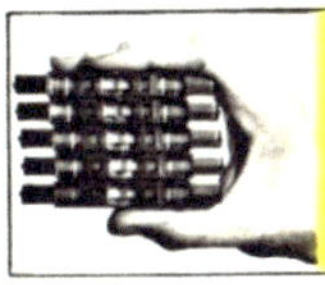

5 heures de musique entre 2 doigts : Chaque cassette à bande double piste contient une heure d'audition. Entre le pouce et l'index, vous tenez 5 heures de musique ou de documents sonores que vous pouvez emporter et écouter partout.

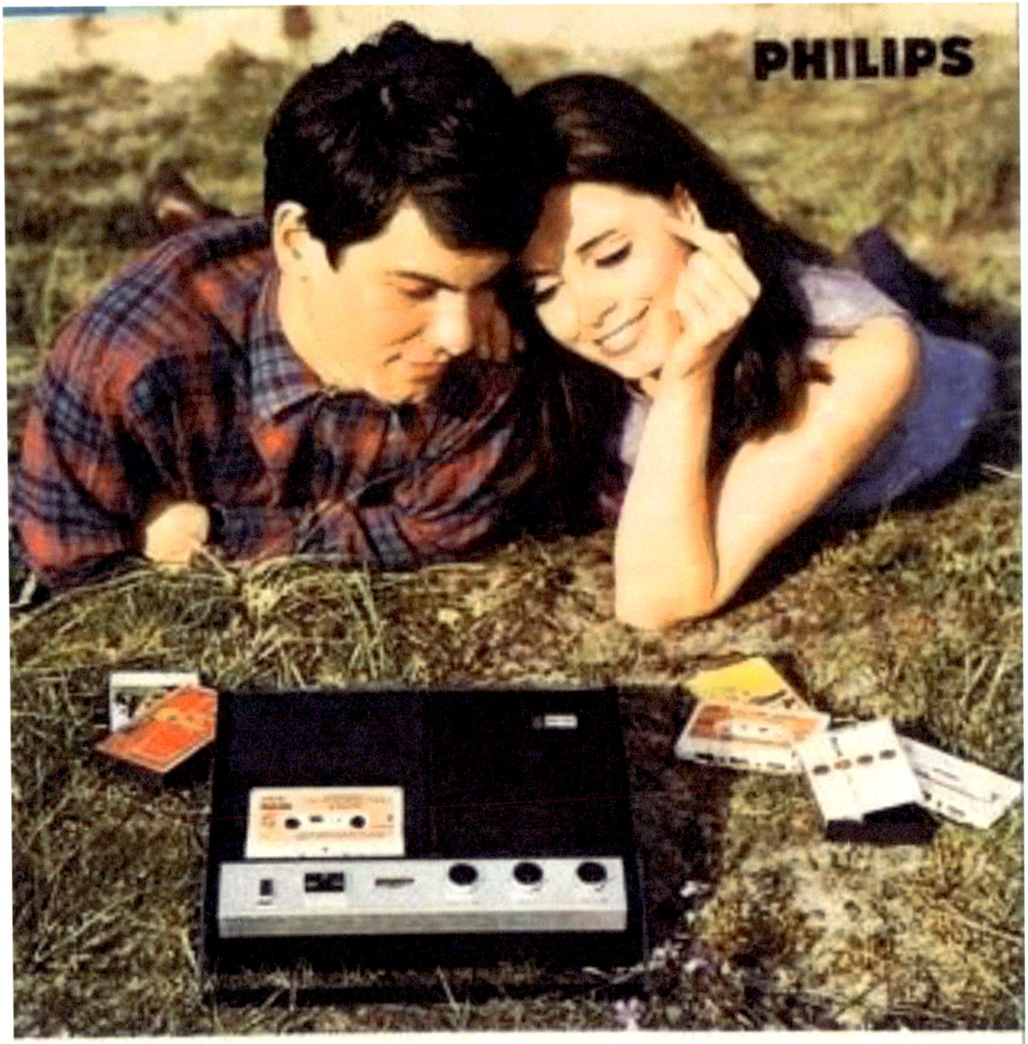

BATTERY CASSETTE RECORDER "DE LUXE"

New in the range of Philips Compact Cassette recorders, the Battery Cassette Recorder "De Luxe" 3303.

The 3303 is an apparatus of really top sound quality. Its battery system makes it independent of mains.

Want some more features of this well designed cassette recorder?

Cassette loading: easy operation — special socket for connection of external loudspeaker — tone control — forty hours of battery life — speed 1⅞ ips (4.75 cm/sec).

The Battery Cassette Recorder "de Luxe" is delivered complete with pencil-shaped microphone with detachable remote control, C-60 Compact Cassette, plastic library rack and radio connection cable.

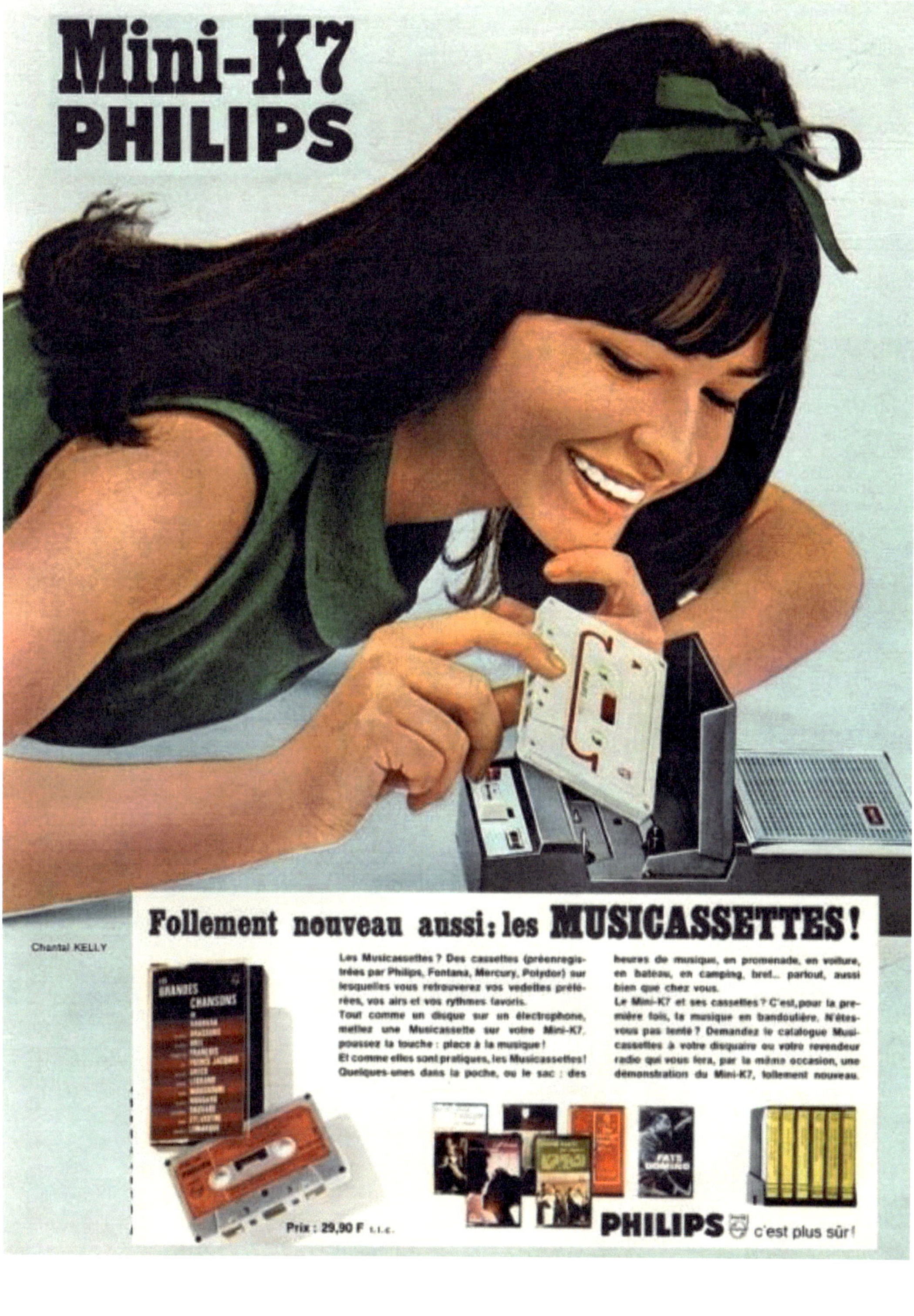

Mini-K7
PHILIPS
Chantal KELLY
Follement nouveau aussi: les MUSICASSETTES!
Les Musicassettes ? Des cassettes (préenregistrées par Philips, Fontana, Mercury, Polydor) sur lesquelles vous retrouverez vos vedettes préférées, vos airs et vos rythmes favoris.
Tout comme un disque sur un électrophone, mettez une Musicassette sur votre Mini-K7, poussez la touche : place à la musique !
Et comme elles sont pratiques, les Musicassettes ! Quelques-unes dans la poche, ou le sac : des heures de musique, en promenade, en voiture, en bateau, en camping, bref... partout, aussi bien que chez vous.
Le Mini-K7 et ses cassettes ? C'est, pour la première fois, la musique en bandoulière. N'êtes-vous pas tenté ? Demandez le catalogue Musicassettes à votre disquaire ou votre revendeur radio qui vous fera, par la même occasion, une démonstration du Mini-K7, follement nouveau.
Prix : 29,90 F t.t.c.
PHILIPS c'est plus sûr !

Le cadeau le plus attendu de l'année !

Pour écouter ou enregistrer de la musique :
le Mini K7 et la Musicassette

Ne cherchez plus le cadeau dont rêvent les jeunes, celui qui les fera sauter de joie quand vous leur offrirez... c'est le Mini K7 !

Un Mini K7... que de joies en perspective! Sa taille miniature, sa simplicité, sa musicalité ont fait du Mini K7 la vedette de la série Philips K7, gamme de magnétophones spéciaux pour jouer les musicassettes. Performances remarquables! Mais dimensions réduites grâce aux récents pefectionnements de la miniaturisation électronique...

Place à la musique! Glissez une musicassette dans un Mini K7, poussez une touche... ça y est!

Voulez-vous enregistrer? Glissez une cassette vierge, poussez une touche... et voilà!

Partir Mini K7 en bandoulière... jouer les musicassettes, enregistrer, quand il plaît, où il plaît, c'est formidable.

Un cadeau aussi... la musicassette.

Un cadeau original! Ce minuscule boîtier contient, enregistrée sur ruban magnétique, autant de musique qu'un 33 tours de 30 cm!

Un cadeau durable! Le ruban magnétique inrayable, incassable, indéformable, donne après des mois la même reproduction fidèle!

Un cadeau "renouvelable"! Les grandes vedettes enregistrent sur musicassettes pour Philips, Fontana, Mercury... et la plupart des grandes marques! Des milliers de titres sont annoncés, une superbe collection à compléter petit à petit!

Documentation et démonstration sur demande à Philips, 48, av. Montaigne, Paris 8e et chez tous les revendeurs spécialisés Magnétophones Philips.

PHILIPS

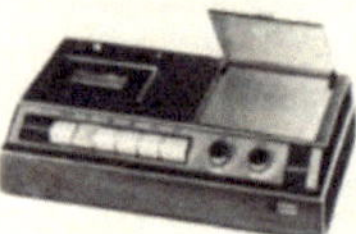

MONO K7 - EL 3310 appareil secteur avec grand haut-parleur et réglage automatique du niveau d'enregistrement.

MAGI K7 - EL 3303 appareil fonctionnant sur piles, grand haut-parleur, prise pour haut-parleur supplémentaire et contrôle de tonalité.

AUTO K7 - EL 3305 se branche sur l'autoradio pour l'écoute en voiture des musicassettes.

UNI K7 - EL 3794 berceau spécial pour l'utilisation complète en voiture du Mini K7, se raccorde à l'autoradio.

Ein großer
Augenblick:

Erregende Atmosphäre, aktueller Bericht. Sofort festhalten mit
dem Philips Cassetten-Recorder 3302.

Auch Sie suchen ein Tonbandgerät wie dieses? Über 2 Millionen
Cassetten-Recorder haben wir ver-
kauft. Daher fühlen wir uns berech-
tigt, auch Ihnen den Philips Cassetten-Recorder 3302 zu empfehlen.
Sein Herz ist der elektronisch
geregelte Präzisions-Motor, der lan-
ge Lebensdauer garantiert und spar-
sam mit dem Batteriestrom ist.
Gerade darauf müssen Sie achten,
denn hier geht es um Ihr Geld.
Wir haben den Philips Cassetten-
Recorder 3302 für vernünftige Leute
geschaffen: für Leute, die Größe für
hinderlich und komplizierte Bedienung für umständlich halten – und
für die Leistung das einzig Wesent-
liche ist. Ein Tonbandgerät also, das
drinnen und draußen aufnimmt, was
gefällt. Blitzschnell – problemlos ...

Vor 5 Jahren haben wir dieses
System entwickelt: Cassetten-Recorder, Compact-Cassetten zum
Selbstbespielen (z. B. über Mikrofon
oder vom Radio) – und fertige Musi-
Cassetten, die der Fachhandel heute
in einer Riesenauswahl bereit hält.
Das Philips Cassetten-System hat
sich durchgesetzt. Erstaunlich, wie
viele vernünftige Menschen es gibt!
Den Philips Cassetten-Recorder
3302 erhalten Sie komplett mit Fernbedienungs-Mikrofon, Tragetasche,
Compact-Cassette und Überspielkabel. Lassen Sie sich das Gerät
vorführen – es wird Sie überzeugen.

Philips Cassetten-Recorder – ein Ergebnis weltweiter Philips-Forschung

... nimm doch

PHILIPS

COUPON

Senden Sie diesen Coupon an die Deutsche Philips GmbH, 2 Hamburg 1, Postfach 1093. Sie erhalten von uns kostenlos den Philips Tonbandgerätekatalog.

PHILIPS

Philips Sound News
NEUES VOM POP-MARKT

Auf der Bühne rocken Noddy, Jimmy, Don und Dave, daß die Fetzen fliegen. Privat wirken die „Super-Erfolgreichen" eher schüchtern und ziemlich normal: Slade – der Hit-Expreß aus Wolverhampton. Denn dort, im dicksten Industriegebiet Englands, fanden sie sich vor Jahren zusammen und gründeten The N'Betweens. Eine Gruppe, die schnell ungemein populär wurde. Der ganz große Erfolg ließ jedoch noch auf sich warten. So waren sie froh, als sie die Chance erhielten, auf den Bahamas zu spielen. Hier fanden sie zu ihrem jetzigen Stil, reizvolle Melodien in harte Rhythmen umzusetzen. Wieder in England, hatten sie das Glück, Chas Chandler zu treffen, der gerade Jimi Hendrix zum Superstar gemacht hatte. Nun ging's

Slade..
Slayed..
Slades!!

steil nach oben – Slade war geboren.
Gleich ihre erste Single, „Get Down And Get With It", wurde ein Volltreffer. Es folgte „Coz I Luv You", die vier Wochen Nr. 1 der „Top Twenty" blieb. Von da an kamen ihre Hits geballt und schnell – „Look Wot You Dun", „Take Me Bak 'Ome'", „Mama Weer All Crazee Now", „Gudbuy T'Jane". Längst kletterten ihre Platten in allen Hitparaden der Welt auf erste Plätze, als Slade mit „Cum On Feel The Noize" einen Hit landeten, der sofort zur Nr. 1 marschierte. Sensationell! Mittlerweile garantieren ihre Auftritte jedem Veranstalter volle Säle. Ob in Europa oder in den USA und Kanada – ihre heiße Show läßt die Teenies reihenweise umkippen. So wurde dann auch ihre vorerst letzte Single, „Merry Xmaz Everybody", wieder eine Hit-Rakete, die manchem Fan den Heiligabend versüßte. Gespannt darf man auf die neue LP sein: „Old New Borrowed And Blue". Auf diesem Label will's besonders Jimmy Lea wissen – erstmals als Sänger!

Slade
PLAY IT LOUD
SLAYED?

Gibt's auch als LP's

PHILIPS

Einmalig vielseitig: Philips Radio-Recorder RR 332

Eine prima Sache. Kofferradio und Cassetten-Tonbandgerät in einem. Hören und gleichzeitig aufnehmen. Oder Schallplatten und Tonbänder überspielen. Und natürlich ideal zum Abspielen der vielen Slade-MusiCassetten . . .
Ein Alleskönner mit Netz- und Batteriebetrieb. 2 Wellenbereiche: UKW und MW. Elektronische Aussteuerungs-Automatik. So gelingt jede Aufnahme. Mikrofon und Leer-Cassette werden gleich mitgeliefert, damit Ihr sofort starten könnt!

PHILIPS

Philips Mini Quiz

Heute geht's um 10 super-heiße Musi-Cassetten von Slade: „Old New Borrowed And Blue". Nur diese Frage richtig beantworten:
Was wird beim RR 332 gleich mitgeliefert?
Eure Antwort bitte auf frankierter Postkarte verewigen (Absender, Alter nicht vergessen) und bis zum 20. 4. 1974 absenden an
Deutsche Philips GmbH
2 Hamburg 1, Postfach 1093
Abteilung Jugend/RR 332

Bei mehr als 10 richtigen Einsendungen entscheidet das Los. Der Rechtsweg ist ausgeschlossen.

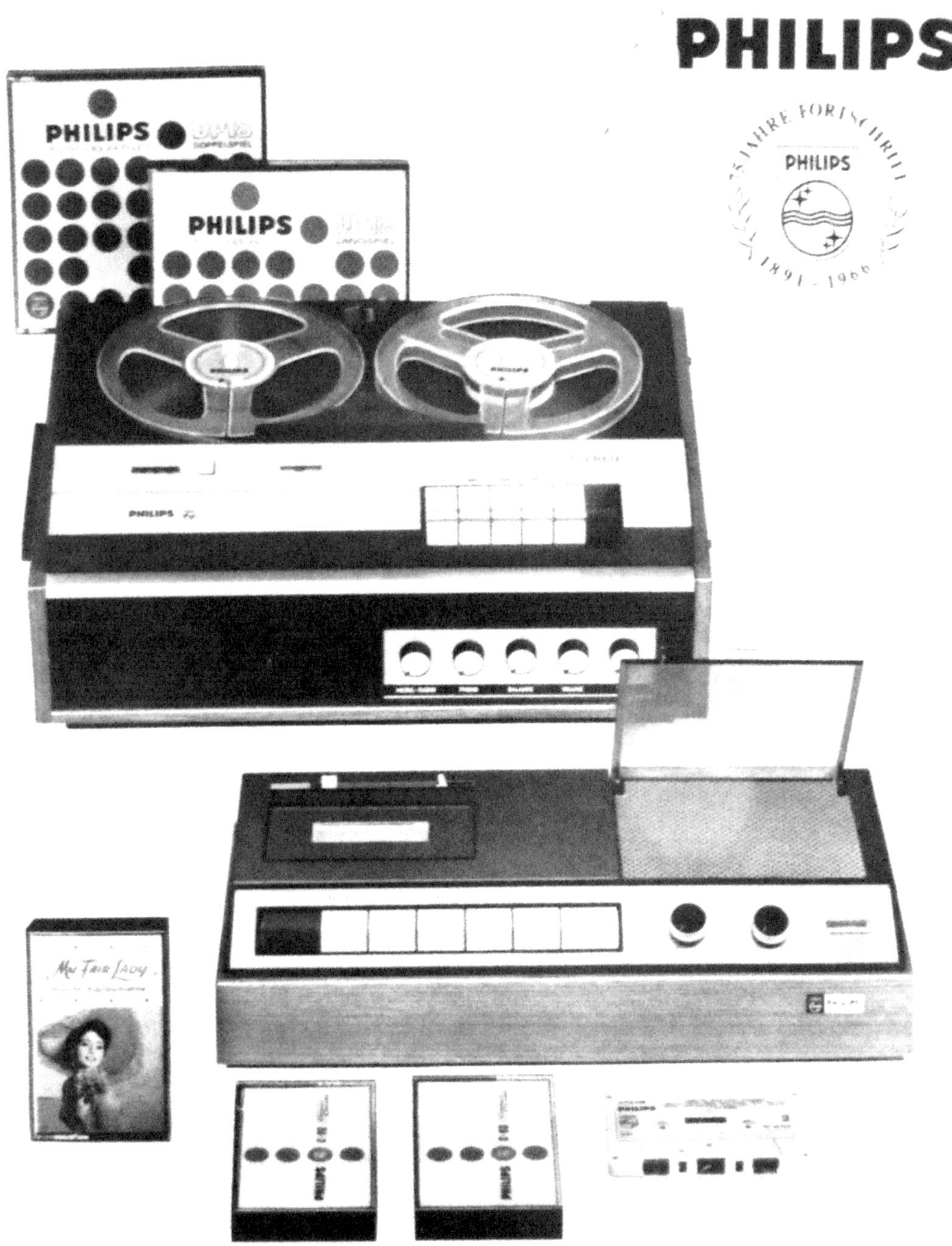

Tonbandgeräte und Cassetten-Recorder

Musik für unterwegs

(Ihr eigenes, störungsfreies Wunschkonzert)

Philips Cassetten-Spieler 3305

Der Glückliche. Er ist zu beneiden. Ihn stören keine Wasserstandsmeldungen — keine Funkstille. Er hat seinen »Privat-Sender«, den Philips Cassetten-Spieler 3305. Der macht Musik von den sensationellen Compact-Cassetten. Auf diesen Musik-Cassetten findet er alles, was er braucht. Musicals, Schlager, flotte Rhythmen. Gerade das Richtige fürs anstrengende Autofahren. — Für den Weg in die Ferien — für den Weg ins Büro. Schwupp — die Cassette rein — schnapp — den Knopf gedrückt... und schon erklingt Musik. Störungsfrei. Musik nach Wunsch. Jazz, Evergreens und Tanzmusik. In einer tollen Qualität. Bedeutende Hersteller der Musikbranche

haben ein großes Repertoire auf Compact-Cassetten herausgebracht, das ständig erweitert wird.

Klein wie ein Kartenspiel enthält jede Cassette so viel Musik wie eine große Langspielplatte.

Wenn Ihnen eine zuwenig ist, nehmen Sie eine zweite oder eine dritte... Es gibt so viele davon. Wenn Sie aber nicht nur fertig bespielte Compact-Cassetten abspielen wollen, sondern auch selbst im Auto aufnehmen möchten, dann nehmen Sie den Philips Cassetten-Recorder 3301. Er macht nicht nur Musik, sondern nimmt auch auf — z. B. einen wichtigen Kommentar aus dem Autoradio oder ein Diktat.

Cassetten-Recorder 3301

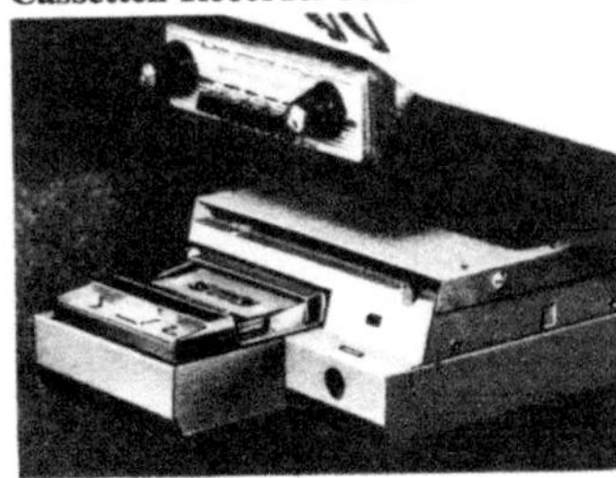

Cassetten-Spieler 3305

Die Aufnahme urheberrechtlich geschützter Werke der Musik und Literatur ist nur mit Einwilligung der Urheber bzw. deren Interessenvertretungen und der sonstigen Berechtigten, z. B. Gema, Verleger, Hersteller von Schallplatten usw., gestattet.

Wenn Autofahren wieder Spaß machen soll...

Unser Tip: Philips Auto-Cassetta N 2600 — die ideale Ergänzung zu Ihrem Autoradio. Spielen Sie einfach Ihre Lieblingsmusik — unabhängig von Programmen und Sendezeiten. MusiCassetten hält der Fachhandel in Tausenden von Titeln bereit (oder Sie bespielen Compact-Cassetten zu Hause selbst). Fahren Sie beschwingt und munter mit dem Philips Cassettenspieler N 2600. Den Verkehr können Sie nicht ändern — aber Sie sollten sich nicht mehr ärgern.

Bedienung: Cassette einlegen, schnapp, fertig . . . Ihr Lieblingsprogramm läuft. Die Lautstärke regeln Sie an Ihrem Autoradio.

Montage: Problemlos. Sie erfolgt mit dem beigelegten Montagebügel unter dem Armaturenbrett.

Auf den Straßen der Welt: Philips Auto-Cassetta

PHILIPS

Auf den Straßen der Welt: Philips im Auto

PHILIPS

Was müssen Sie hören?
Was möchten Sie hören?
Kombinieren Sie doch!

Mit einer Philips Autoradio/Cassetten-Kombination: Autoradio mit integriertem Cassetten-Teil (beides in Stereo!). Eine kompakte Informations- und Unterhaltungs-Einheit. Senderautomatik bringt sofort den verlangten Sender. Cassetten-Teil: Ihr eigenes Wunschprogramm; von MusiCassetten oder Compact-Cassetten, selbst bespielt – im Auto oder zu Hause.

Philips Autoradio/Cassetten-Kombinationen zwischen 350 und 700 Mark*. Leicht einzubauen und mit einem Finger zu bedienen. Damit Ihre Augen auf der Straße bleiben. Dort, wo sie hingehören. Es gibt keinen besseren Begleiter auf den Straßen der Welt als Philips.

Stereo-Anzeige
Damit Sie Ihre Stereo-Sender sicher abstimmen.

Aufnahme-Umschalter
Sender oder Mikrofon. Persönliche Notiz oder Aufnahme auf Cassette während der Fahrt.

Störaustastschaltung IAC
Störungen im UKW-Bereich werden automatisch „ausgetastet" – das gibt's nur bei Philips.

Sender speichern („Turnolock")
Einfach Knopf drücken: 6 vorgewählte Sender: 3 x UKW, 2 x MW, 1 x LW.

Philips Autoradio Cassetta Stereo de Luxe RN 712
Wenn Sie mehr über die hier abgebildete Luxus-Kombination und über andere Geräte aus dem Philips Autoradio-Programm wissen wollen, dann schicken Sie diesen Coupon bitte an: Deutsche Philips GmbH, 2 Hamburg 1, Postfach 1093, Autoradio-Abteilung.

MT 23/74

PHILIPS

* Unverbindliche Preisempfehlung, zuzüglich Zubehör und Montage.

SUONA NASTRI TUTTO ALTOPARLANTE

Basta un dito e la tua musica diventa fantasia.
Col facile tasto di Cassettophone suoni, arresti,
avvolgi e riavvolgi le tue cassette.
E il suono è grande, grande come la voce dei tuoi
preferiti. Entra nel mondo di Cassettophone,
il suonanastri tutto altoparlante.

CASSETTOPHONE E' SOLO PHILIPS

intermarco-farner

PHILIPS

Die neue Art, Musik zu hören

In dieser Compact-Cassette ist tolle Musik

Eine neue Epoche begann mit der Compact-Cassette: Sie bietet die moderne Möglichkeit, Musik und Sprache, Geräusche und alles, was man hören kann, aufzuzeichnen. So klein wie ein Kartenspiel – so einfach in der Handhabung. Eine ganze Stunde Spielzeit und noch mehr. Zum Selbstaufnehmen und zur musikalischen Unterhaltung. Für die Compact-Cassette ist überall Platz. Eine attraktive Box und ein sinnvolles Archivsystem machen die Aufbewahrung zur reinen Freude. Die Compact-Cassette ist erprobt und bewährt. Seit über zwei Jahren gewinnt sie täglich neue Freunde in aller Welt.

Möchten Sie Schlager hören? Musicals? Heiße Rhythmen? Bedeutende Hersteller der Musik-Branche haben für Sie ein Wunschprogramm in den modernen Compact-Cassetten zusammengestellt. Jazz, Evergreens und Tanzmusik in einer tollen Qualität. Für Ihre Unterhaltung. Zu Ihrer Entspannung. So klein wie ein Kartenspiel enthält jede mit Musik bespielte Compact-Cassette (Musik-Cassette) soviel Musik wie eine große Langspielplatte.

Zum Selbstaufnehmen gibt es natürlich unbespielte Compact-Cassetten. Die haben »Platz«, eine ganze Stunde und noch mehr für Musik, Babys erste Worte oder Vaters Geburtstagsrede – eben für alles, was man hören kann. Diese Compact-Cassetten lassen sich beliebig oft verwenden – löschen und wieder neu bespielen. »Verpackt«, also aufgenommen wird alles mit dem Philips Cassetten-Recorder. Sensationell einfach.

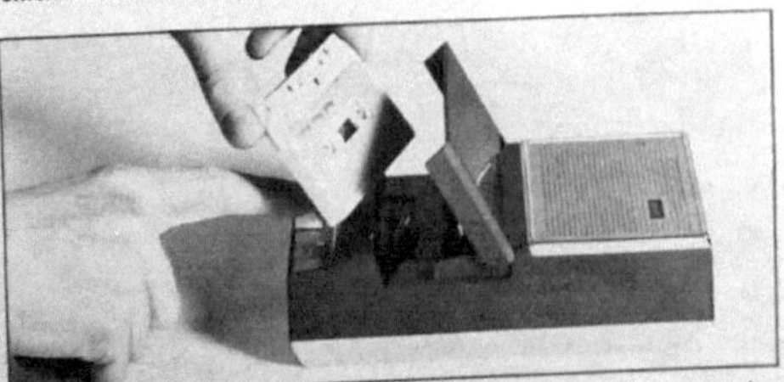

So sensationell einfach ist das: schwupp – die Cassette rein, schnapp – den Knopf gedrückt . . . Musik, Musik, Musik!

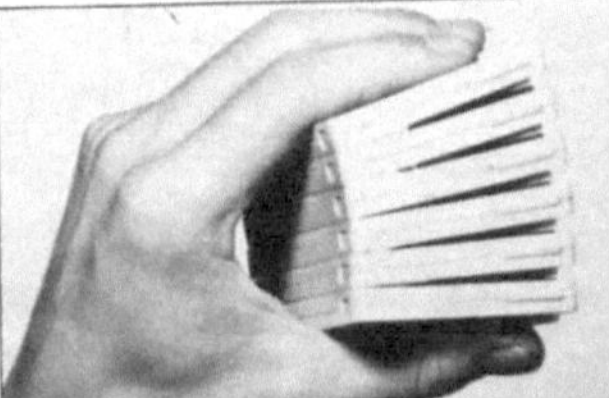

Flotte oder heiße Rhythmen, Schlager, Jazz, Tanzmusik? Sie haben alles auf kleinstem Raum beisammen, im kleinsten »Musik-Archiv der Welt«.

Und dieser Philips Cassetten-Recorder spielt Ihre Compact-Cassetten

Staunen Sie, was er sonst noch alles kann. Schwupp – die Cassette rein, schnapp – den Knopf gedrückt und schon erklingt Musik. Einfacher geht's nicht. Und perfekter auch nicht.

Seit zwei Jahren international erprobt und bewährt, begeistert er Freunde in aller Welt. Zwei Jahre Erfahrung, das bedeutet Sicherheit für Qualität und Funktion – bedeutet Reife und Zuverlässigkeit.

Der Philips Cassetten-Recorder ist ein sensationell neuer Geräte-Typ, der nicht nur durch seine völlig problemlose Bedienung überzeugt, sondern auch durch seine perfekte technische Ausstattung.

Er spielt und spielt – nimmt auf und spielt ab – wo immer und wann immer Sie es wünschen.

Er bietet Aufnahme- und Wiedergabe-Möglichkeiten wie ein großes Tonbandgerät und ist dabei nicht größer als eine Zigarrenkiste. Er nimmt auf über Mikrofon, vom Radio, Plattenspieler oder zweitem Tonbandgerät.

Ihre Compact-Cassetten können Sie über den eingebauten Lautsprecher abspielen oder auch über Ihr Heimradio, eine Verstärker-Anlage oder Ihr Autoradio, dafür gibt es eigens eine Autohalterung.

PHILIPS
Cassetten-Recorder 3301
...macht Musik und vieles mehr!

Die Aufnahme urheberrechtlich geschützter Werke der Musik und Literatur ist nur mit Einwilligung der Urheber bzw. deren Interessenvertretungen und der sonstigen Berechtigten, z. B. Gema, Verleger, Hersteller von Schallplatten usw., gestattet.

...nimm doch
PHILIPS

Er spielt nicht nur ab – er nimmt auch auf. Alles, was man hören kann. Halten Sie alles fest, was Sie bewahren möchten.

suona registra
e "saltacassetta"
il facilissimo K7 Philips

il registratore portatile.
Fa tutto con un solo tasto: avvio,
ritorno, registrazione, ascolto.
Funziona a batteria
o con l'alimentatore a rete.
Microfono e borsa a tracolla
in dotazione. Si può
applicare all'auto.

PHILIPS

intermarco italia

PHILIPS

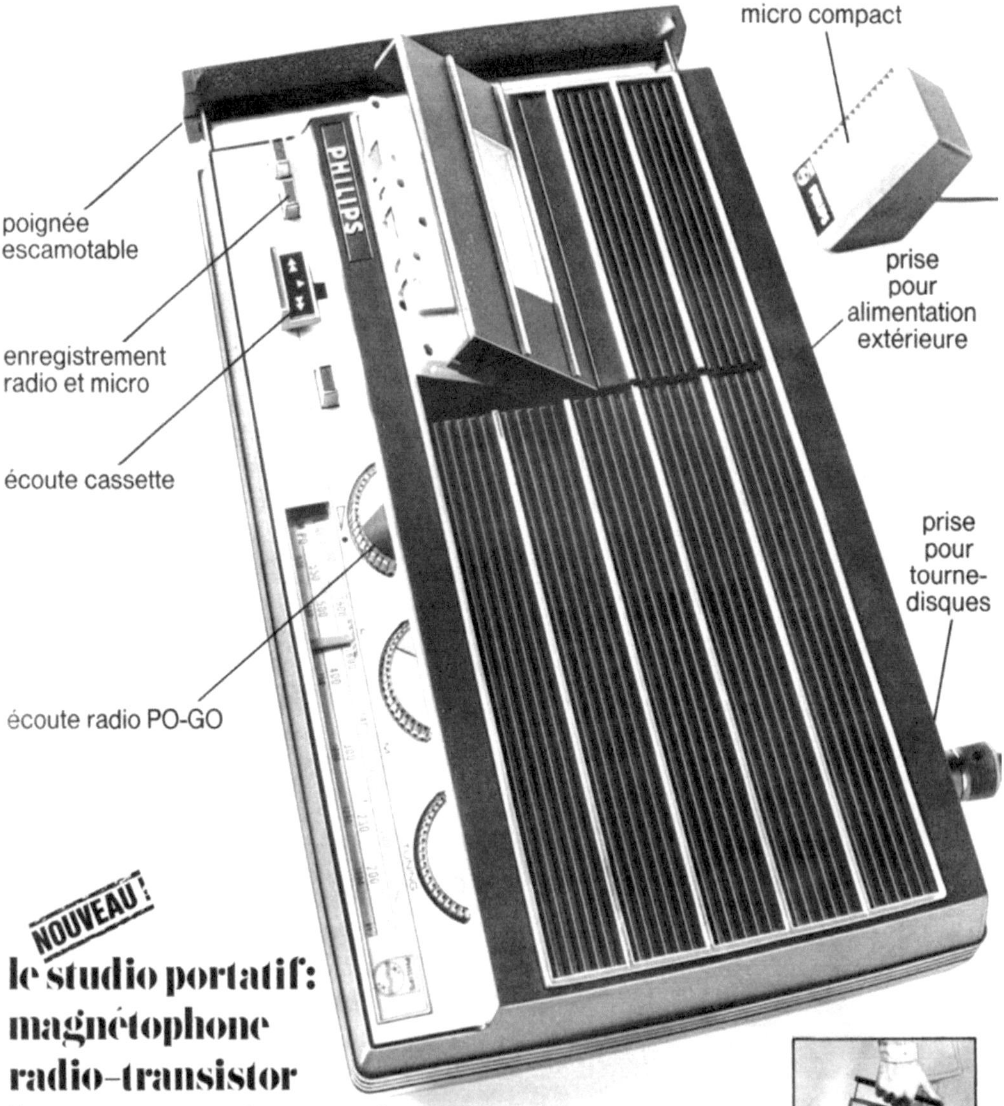

le studio portatif: magnétophone radio-transistor lecteur enregistreur à cassettes

Cet appareil est nouveau. Il ne ressemble à aucun autre. C'est à la fois un magnétophone à cassette "tout transistors" et un récepteur radio. Pour moins de 500 F (micro compris jusqu'au 15 décembre) il offre une variété étonnante de possibilités.

- Récepteur radio PO-GO (il existe un autre modèle à Modulation de Fréquence).
- Enregistrement des émissions radio *
- Enregistrement à partir des disques *
- Enregistrement par micro
- Reproduction des musicassettes enregistrées *
- Contrôle automatique du niveau d'enregistrement
- Alimentation par 6 piles de 1,5 V
- Possibilité d'alimentation sur secteur (avec adaptateur)
- Tonalité 2 positions (graves et aiguës)
- Micro compact à hautes performances
- Dimensions : 300 x 66 x 200 mm
- Poids avec piles et cassette : 2,360 kg

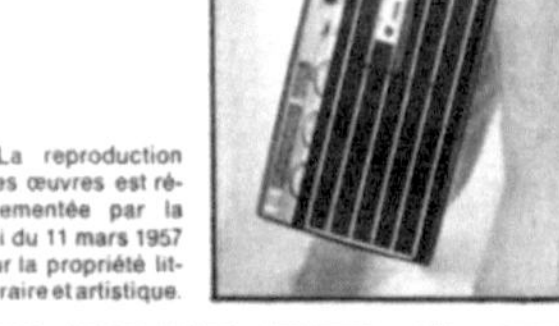

* La reproduction des œuvres est réglementée par la loi du 11 mars 1957 sur la propriété littéraire et artistique.

PHILIPS

Magasins d'exposition: 48, avenue Montaigne, PARIS-8ᵉ
41, rue de Paradis, PARIS-10ᵉ

... natürlich
PHILIPS

Warum ist der Philips Cassetten-Recorder 3301 ein Welterfolg?

1. **Er kann aufnehmen und wiedergeben in ausgezeichneter Klangqualität. Mikrophon und Tasche gibt's dazu.**

2. **Seine Compact-Cassetten sind der Tonträger der Zukunft: Es gibt sie für eigene Aufnahmen bis zu 1½ Stunden oder mit Musik bespielt.**

3. **Noch nie war ein Tonbandgerät so einfach zu bedienen: Cassette einlegen, Knopf drücken — los geht's.**

4. **Überall ist er dabei: Im Wohnzimmer, im Kinderzimmer, draußen im Garten, im Urlaub, im Auto. Denn er läuft mit Batterien.**

Am besten probieren Sie den Philips Cassetten-Recorder gleich selbst einmal aus. Schwupp, die Cassette rein. Schnapp, den Knopf gedrückt. Schon spielt er.

Ein internationales Repertoire von Musik-Cassetten steht zu Ihrer Wahl. Was Sie sonst noch hören möchten, können Sie selbst aufnehmen. Direkt vom Radio, Plattenspieler oder per Mikrophon. Der Philips Cassetten-Recorder 3301 spielt überall. Auch im Auto.

Kein Wunder also, daß der Philips Cassetten-Recorder 3301 ein Welterfolg ist.

> **Als Heimgerät gibt es jetzt auch den Philips Cassetten-Recorder 3310. Mit Netzanschluß, abschaltbarer Aussteuerungsautomatik, Zählwerk und Edelholzgehäuse.**

Deutsche Philips GmbH.

C 01/2

Why the N2607 is such easy stereo listening

Easy to install

Remarkably compact – less than 6" x 4½" x 2¼." It mounts easily in its own bracket under the dashboard or direct on the transmission tunnel.

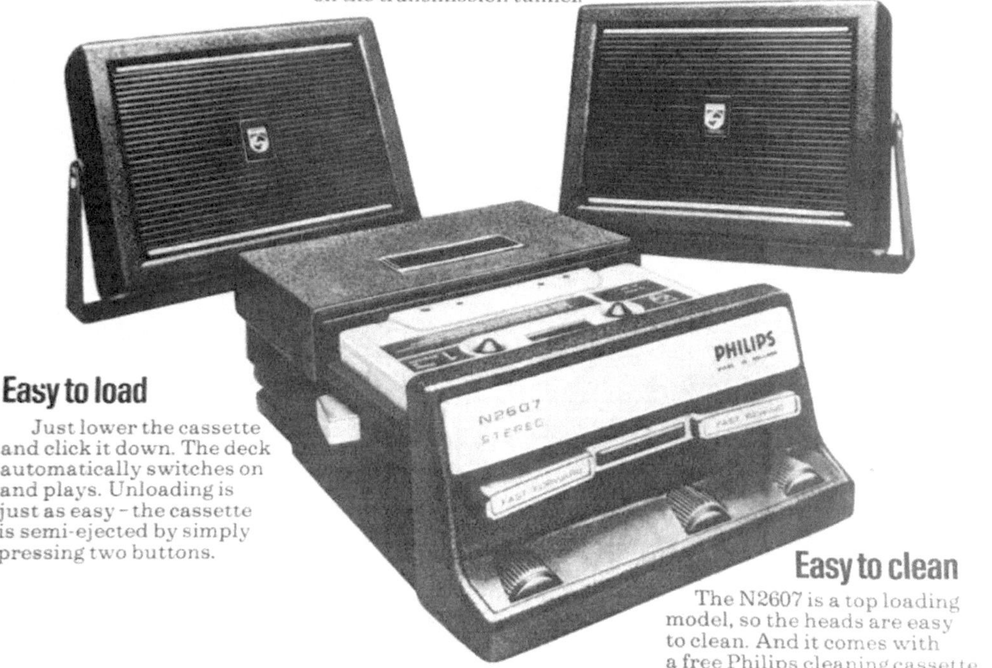

Easy to load

Just lower the cassette and click it down. The deck automatically switches on and plays. Unloading is just as easy – the cassette is semi-ejected by simply pressing two buttons.

Easy to clean

The N2607 is a top loading model, so the heads are easy to clean. And it comes with a free Philips cleaning cassette.

The N2607 gives a powerful stereo output of 2 x 5 watts. Important features include continuously variable tone control, stereo balance control, volume control, fast wind/re-wind, indicator lamp.

It's available with or without loudspeaker enclosures.

And the vast range of musicassettes readily available make it even more popular.

So why not take a look at it today?

Music on the move

Suggested selling prices: N2607 £66.49 with speakers. £54.94 without speakers.

There is an easier way to improve your sound system.

Before you rush off for yet more hi-fi falutin' hardware to belt the music out of your system, perhaps you should take a look at what puts the music *into* your system. Your cassettes.

And since Philips actually invented the compact cassette system, you couldn't do any better than start with us. Not surprisingly, we take more pride in ours than some.

Unlike some, we make all our own oxide – the stuff that turns electronic impulses into hours of gorgeous music. Just to make sure it's as uniform and dirt-free as humanly possible.

And unlike any other, we have a unique Floating Foil system. To keep the flow of the tape quite steady and so improve sound quality. And prevent tape jamming.

We make three qualities of compact cassette. Standard, Super and, for the Hi-Fi buff, Hi-Fi Chromium Dioxide. They may be more expensive than some other cassettes. But they're a lot cheaper than new equipment.

Philips invented the compact cassette. Now we've improved it.

Simply years ahead

A Philips portable cassette recorder will record almost anything. That's why we're giving away six in this crazy competition.

All you have to do is tell us the weirdest sound you can imagine.

It might be an elephant on ice skates.

A blancmange falling from an aeroplane.

Or an octopus playing the xylophone.

Whatever it is, just fill in the coupon and send it to us by November 30th.

The six lucky winners will each receive an incredible Philips EL3302P portable cassette recorder.

It's a great machine to own.

You simply press a button and there's the music. From your own recordings. Or Musicassettes.

You can record from a radio, record player, second recorder or microphone.

And play back through the built-in loudspeaker, external speaker, headphones or Hi Fi system.

So pit your wits. Think of a crazy sound. And send it in.

A panel of judges will decide which are the most original. And their decision will be final.

PHILIPS

Simply years ahead

Name

Address

The weirdest sound I can imagine is

NOW COMPLETE THIS SENTENCE IN 10 WORDS. I think Philips Portable Cassette Recorders are the best in value because

To: Philips Electrical Ltd.,
Dept. S.P.,
Century House, Shaftesbury Avenue,
London WC2H 8AS.

We
re-invented
tape recording.

Norelco

Warum
ist dieser Philips Cassetten-Recorder ein Welterfolg?

1. Er kann aufnehmen und wiedergeben in ausgezeichneter Klangqualität. Er ist wunderbar handlich, unabhängig vom Stromnetz — darum überall dabei.

2. Seine Compact-Cassetten sind der Tonträger der Zukunft: Es gibt sie für eigene Aufnahmen bis zu 1¹/₂ Stunden oder mit Musik bespielt.

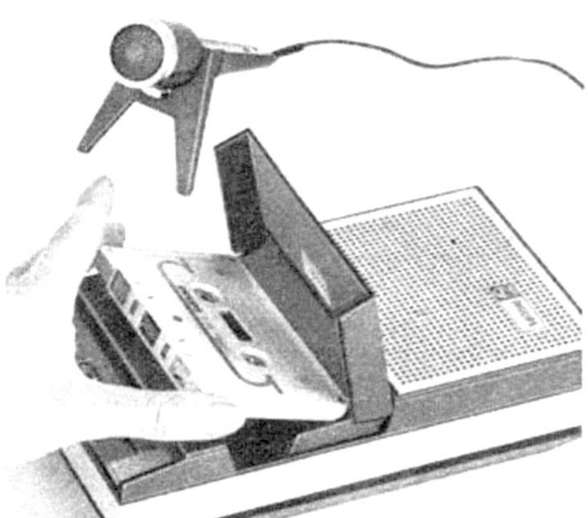

3. Noch nie war ein Tonbandgerät so einfach zu bedienen: Compact-Cassette einlegen, Knopf drükken — los geht's.

Am besten probieren Sie den Philips Cassetten-Recorder 3302 gleich selbst einmal aus; Ihr Fachhändler hält ihn für Sie bereit, komplett mit Tragetasche, Mikrofon und einer Compact-Cassette.
Ein internationales Repertoire von Musik-Cassetten steht zu Ihrer Wahl. Was Sie sonst noch hören möchten, nehmen Sie selbst auf: direkt vom Radio, vom Plattenspieler oder per Mikrofon. Der Philips Cassetten-Recorder 3302 spielt überall. Denn er läuft mit Batterien.
Kein Wunder also, daß dieser Philips Cassetten-Recorder ein Welterfolg ist.

4. Damit Sie Ihren Cassetten-Recorder 3302 auch im Auto immer in Griffnähe haben können (für Aufnahme und Wiedergabe), schuf Philips hierfür diese Einbauhalterung. Anschluß an das Autoradio — Stromversorgung über die Wagenbatterie.

Introducing an exciting new way to take your music along.

The new Norelco Carry-Player plays your favorite music tape cassettes.

The new Norelco Carry-Player plays pre-recorded tape cassettes anywhere. The tape is locked up safe inside the cassette. So you don't touch it. And neither does anything else. Which eliminates scratching, tangling and dust.

There are thousands of pre-recorded selections to choose from, too. With artists like The Doors, Petula Clark, Frank Sinatra, and Duke Ellington.

No matter what your taste in music, the Norelco Carry-Player is the best way to play it. There's enough sound built in it to fill a whole room filled with people. And it's easy to use. Easy to carry.

Here's a great gift to a friend or even for yourself. So take the trouble out of taking music along. Get the new Norelco Carry-Player.

These are just a few of the hundreds of artists to be found...now...on pre-recorded cassettes:

The Beatles	Frank Sinatra	Jimi Hendrix	The 5th Dimension	The Animals	Al Hirt	Dylan Thomas	Dionne Warwick	Vanilla Fudge	Rachmaninoff
Joan Baez	Nancy Sinatra	Arlo Guthrie	The Smothers Brothers	The Associations	Petula Clark	Doc Severinsen	Judy Garland	Tchaikovsky	Trini Lopez
Aretha Franklin	The Supremes	Herb Alpert	Bill Cosby	Ahmad Jamal	The Doors	Duke Ellington	Erroll Garner	Ray Charles	The Mariachi Brass

North American Philips Company, Inc. High Fidelity Products Department, 100 East 42nd Street, New York, N.Y. 10017 **Other Products:** Rembrandt Square Lotions, Electric Shavers, Hearing Aids, Radios, Audio-Video Tape Recorders, Dictating Machines, Electronic Educational Kits, Medical-Dental X-Ray, Electronic Tubes, Commercial Sound, Closed Circuit TV, TV Studio, Motion Picture, Cryogenic and Telephone Equipment.

2

We took the tangle out of tape.

Norelco introduced the cassette. And the cassette made tape recording simple.

We locked the tape inside. So it won't break, spill or get on your nerves. (To record, just snap in the tape cassette and push a button. You're on for up to two hours.)

After we introduced the cassette, we didn't stop there. We kept introducing and improving until today, Norelco knows more about cassettes and cassette machines than anybody. And we sell more than anybody.

If you try our two portable recorders, you'll hear why. They have full fidelity sound. Microphones sensitive enough to pick up a whisper. Speakers that are louder than they look. And prices that make tape recorders something everybody can have.

Especially you. So, stop by your Norelco dealer and pick up either the Norelco Carry-Corder® '150' or the Norelco '175'. For yourself or a friend. But make sure it's Norelco. After all, we introduced the whole cassette idea in the first place.

Norelco®

The Re-inventor of Tape Recording

Dia-Vertonung

Tatsächlich kein Problem: Der Bildwechsel Ihrer Dia-Schau wird mit Hilfe des Dia-Steuergerätes N 6401 (s. S. 83) synchron zum Ton gesteuert. Bei der Vorführung Ihrer Dia-Schau können Sie alle Technik vergessen. Alles läuft automatisch. Musik ... das erste Dia erscheint, die Musik wird leiser, und der gesprochene Kommentar erklingt genau in der richtigen Lautstärke.

Synchrone Filmvertonung:

Der Cassetten-Recorder zeichnet nicht nur den Ton auf, sondern über seinen Impulskopf gleichzeitig Steuerimpulse, die direkt von der Kamera kommen bzw. von einem separaten mit der Kamera verbundenen Pilottonteil. Start und Stop des Cassetten-Recorders und damit Anfang und Ende der Aufzeichnung von Ton und Impulsen erfolgen mit dem Auslöser der Filmkamera.

Cassetten-Recorder
N 2209 AV automatic

Seit Jahren ist dieses Gerät bekannt und beliebt bei Foto- und Filmfreunden. Seine Zuverlässigkeit und leichte Bedienbarkeit werden besonders geschätzt.

Cassetten-Recorder N 2209 AV automatic · Netz- und Batteriebetrieb
Impulskopf für synchrone Dia- und Filmvertonung

Aufnahme:	Wiedergabe:	Aussteuerung:	Spieldauer:	Lieferumfang:
mit Mikrofon, von Rundfunkgerät, Plattenspieler oder anderem Tonbandgerät	über eingebauten Lautsprecher, Zusatzlautsprecher, Kopfhörer, Rundfunkgerät	automatisch	2 x 30, 45 oder 60 Min. – je nach Cassettentyp	Netzkabel, Überspielkabel, Mikrofon mit Fernbedienung (Start/Stop), Tragetasche, Compact-Cassette C-60

- Klangregler
- Eingebautes Netzteil
- Anschluß für Dia-Steuergerät N 6401
- Elektronisch geregelter Motor
- Löschsperre für MusiCassetten
- Anschluß für Fernbedienung Start/Stop
- Anschluß für Überblendadapter N 6728
- Durch Tastendruck aufspringendes Cassettenfach
- Batterie-Anzeige, Aussteuerungsanzeige

Cassetten-Recorder
N 2229 AV automatic

neu

PHILIPS TOP MODELL

Viele neue Möglichkeiten werden für die reizvolle Vertonungsarbeit geboten. Das Zählwerk ermöglicht das präzise Auffinden bestimmter Bandstellen. Fertig vertonte Bänder können mit der „Post-Fading" Einrichtung in Text- und Musikteil noch korrigiert werden durch „weiches Herauslöschen" nicht gewünschter Passagen und partielles Neubespielen. So funktioniert die „Überblend-Automatik": Bei der Aufnahme wird automatisch die Musik-Aufzeichnung in der Lautstärke zurückgenommen, solange in das eingebaute Mikrofon gesprochen wird.

Cassetten-Recorder N 2229 AV automatic · Netz- und Batteriebetrieb
Impulskopf für synchrone Dia- und Filmvertonung

Aufnahme:	Wiedergabe:	Aussteuerung:	Spieldauer:	Lieferumfang:
Electret-Mikrofon, od. separatem Mikrofon von Rundfunkgerät, Plattenspieler oder anderem Tonbandgerät	über eingebauten Lautsprecher, Zusatzlautsprecher, Kopfhörer, Rundfunkgerät	automatisch oder manuell mit Regler und VU-Meter	2 x 30, 45 oder 60 Min. je nach Cassettentyp	Netzkabel, Überspielkabel und Compact-Cassette C-60

- Klangschalter
- Eingebautes Netzteil
- Anschluß für Dia-Steuergerät N 6401
- Umschaltung Chromdioxid-/Eisenoxid automatisch mit optischer Anzeige
- Zählwerk
- Pausentaste
- Leuchtdioden-Anzeige bei Electret-Mikrofon-Betrieb
- Bandendabschaltung mit Motorstop und Leuchtdioden-Anzeige
- „Post-Fading"-Einrichtung
- Mithörmöglichkeit bei Aufnahme
- Elektronisch geregelter Motor
- Löschsperre für MusiCassetten
- Anschluß für Fernbedienung Start/Stop
- Durch Tastendruck aufspringendes Cassettenfach
- Batterie-Anzeige, Aussteuerungsanzeige
- Überblend-Automatik
- Long-Life-Köpfe

Technische Daten s. S. 90/91

EL 3305

Musik für unterwegs
Philips
Cassetten-Spieler 3305

Musik beim Autofahren ist keine Spielerei. Der positive Einfluß der musikalischen Unterhaltung auf die Stimmung ist eine Tatsache.

Es gibt jetzt den Cassetten-Spieler. Er ist ein Wiedergabegerät für die bespielten, fertigen Musik-Cassetten, das speziell für das Kraftfahrzeug geschaffen wurde. Er wird in das Auto eingebaut und mit dem Autoradio verbunden. Der Einbau ist einfach, denn alle Teile dafür werden mitgeliefert. Die Stromversorgung für die bescheidenen Ansprüche des Gerätes liefert die Wagenbatterie.

Die Bedienung ist so einfach wie die des Cassetten-Recorders. Schwupp – die Cassette rein. Schnapp – den Knopf gedrückt – und schon erklingt die Musik Ihrer Wahl. Das geht so einfach und so schnell, daß die Augen keinen Moment die Fahrbahn außer acht lassen. Kein Schlagloch, keine Eisenbahnschienen, kein unentstörtes Auto kann Ihre musikalische Unterhaltung stören – wenn Sie ihn haben, den Cassetten-Spieler 3305.

Musik aus der Compact-Cassette

Jetzt gibt es fertige, mit Musik bespielte Compact-Cassetten (Musik-Cassetten). Musik, wann und wo es Ihnen gefällt! Ist das nicht einfach sensationell? Die neue, revolutionäre Musik-Cassette für den Cassetten-Recorder und den Cassetten-Spieler ermöglicht das. Die Vorteile: denkbar einfach zu bedienen, geschützt gegen Staub und Beschädigung, klein und leicht wie ein Kartenspiel, modern und zukunftsweisend in der Technik. Die Spieldauer entspricht der einer großen 30-cm-Langspielplatte.

Die neuen Musik-Cassetten enthalten Musik für jeden Wunsch und alle Gelegenheiten. Wählen Sie unter den mehr als 70 Titeln mit berühmten Solisten und hervorragenden Orchestern.

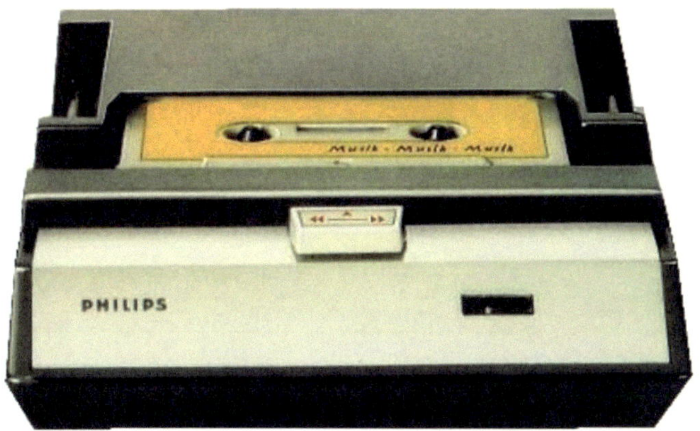

Ihre Ohren
sehen einen Boxen-Abstand,
den es gar nicht gibt.

Vollstereo durch den Philips Stereo-Weitwinkel.*

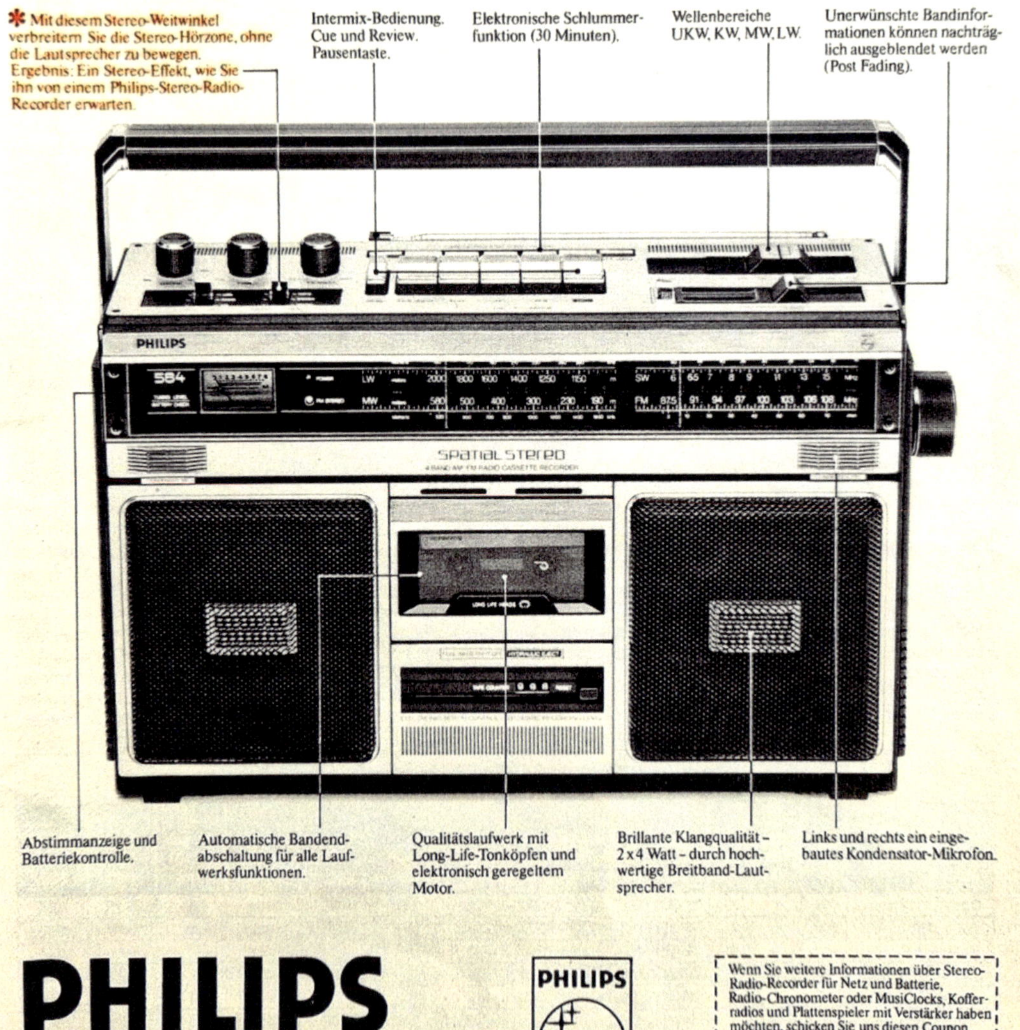

PHILIPS

HAS OUR BABY GROWN INTO A MONSTER?

The cassette was our baby.

At the time, it was a startling and exciting innovation.

But times change.

In fact, there are now over 50 makes of cassette and over 1,000 decks.

And enough wow and flutter figures to send Pythagoras round the bend.

Consequently, finding the right cassette for a deck isn't quite as simple as it used to be.

That's why we tested our present range of five cassettes on almost every popular cassette deck around.

A few results may surprise you.

We found, for instance, that a few of the most expensive decks didn't necessarily work best with our most expensive tape.

And that a handful of the middle priced decks did.

We also found that it's foolish to generalise about certain types of tape being right for all Japanese decks or all European decks.

Our findings are available on a pocket chart that lists almost every popular deck with the cassette that matches it most perfectly.

You'll find one at your local dealer.

Either look at it or, every time you buy a cassette, wrestle with a problem of monstrous proportions.

Simply years ahead.

PHILIPS

THE COMPREHENSIVE RANGE
FROM THE INVENTORS OF THE AUDIO CASSETTE

Sehen Sie selbst,
was der **NORIS NORIMAT** S alles bietet:

① Tonfilm-Projektor für Super 8 und Single 8, mit organisch eingebautem Cassetten-Recorder

② Automatische Filmeinfädelung von Spule zu Spule

③ Lichtstarke Halogen-Kaltlichtspiegel-Lampe 12 V/100 W (beim Wechseln keine Zentrierung mehr notwendig)

④ Vorführgeschwindigkeit 18 Bilder/sec.

⑤ Projektions-Hochleistungsobjektiv Vario-Kiptagon 1,3/15-30 mm

⑥ Während der Projektion: beleuchtetes Tastenfeld

⑦ Moderne Drucktasten-Bedienung ⑧ Vorlauf

⑨ Sichtbarer Rücklauf (ohne Ton) ⑩ Stillstandsprojektion

⑪ Praktische Höhenverstellung des Gerätes

⑫ Für Tonaufnahmen bzw. -Wiedergabe. Verwendung von MusiCassetten (Spieldauer 30 bzw. 60 Minuten) und von Compact-Cassetten (für Eigenaufnahmen, Spieldauer 60, 90 bzw. 120 Minuten). 120 m Film ca. 30 Minuten Laufzeit

⑬ Synchrone Aufnahme und synchrone Wiedergabe möglich

⑭ Ausgangsleistung 400 mW ⑮ Eingebauter Lautsprecher

⑯ Anschluß für Außenlautsprecher (5-8 Ohm), Mikrophon, Rundfunk, Plattenspieler, Verstärker, Tonbandgerät, Mischpult, Kopfhörer

⑰ Frequenzbereich 80-10000 Hz ⑱ Bestückung 9 Transistoren

⑲ Außenrückspulung direkt von Spule zu Spule (schont den Film)

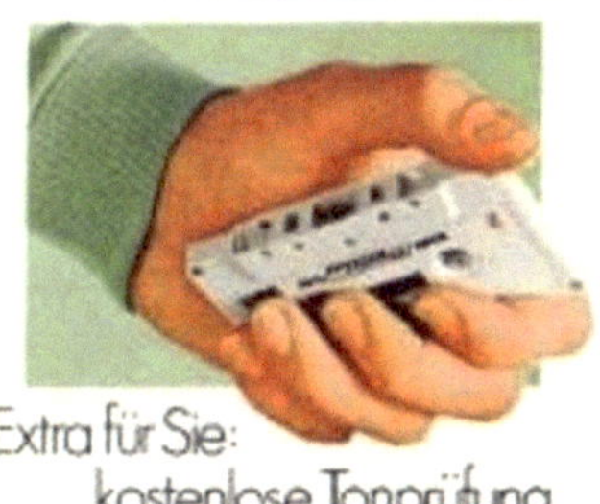

Extra für Sie:
kostenlose Tonprüfung

Damit Sie sofort bei Ihrem NORIS NORIMAT S den Ton prüfen und sich von der leichten Bedienung überzeugen können, wird mit dem Gerät kostenlos eine teilbespielte Compact-Cassette geliefert. Am besten, Sie lassen zur Toncassette gleichzeitig einen Kurzfilm durch den NORIS NORIMAT S laufen. Dann erleben Sie bereits Ihren ersten Tonfilm. Sie werden begeistert sein.

Nie mehr Stummfilme

... werden Sie sagen
und die Kenner bestätigen es —
wenn Sie nur einen einzigen Ihrer Filme
mit flotter Musik-Untermalung erlebt haben.
Wetten, daß Sie dann nur noch
Tonfilme vorführen?
Mit Musik kommt Stimmung in den Streifen.
Sind die Zuschauer begeistert. Ihre Filme
gewinnen Hundertprozent mehr an Spannung.

Dabei ist die Vertonung mit dem
NORIS NORIMAT S so leicht wie eine
Stummfilm-Projektion. Jeden Super 8 (Single 8)
Film, egal ob 15 m oder 120 m lang, ob frisch
aus der Entwicklungsanstalt oder älteren
Datums, alle diese Filme können Sie sofort und
ohne Vorarbeit mit flotter Musikuntermalung
als Tonfilme vorführen. Eine eigene Tonaufnahme ist
nicht einmal erforderlich. Sie brauchen nur eine der vielen
Musikkassetten zu verwenden. Die gibt es in reicher Auswahl
im Handel. Damit ist auch eine Filmbespurung überflüssig.
Darüber hinaus ist die Tonqualität eines Tonbandes der einer
schmalen Magnettonspur weit überlegen. Von der Halt-
barkeit gar nicht zu
sprechen. Vorteile über
Vorteile, die besonders
für einen Vertonungs-
Jünger ausschlaggebend
sind. Er möchte doch
möglichst einen Tonfilm,
ohne selbst vertonen
zu müssen. Mit dem
NORIS NORIMAT S
kann er es.

Und wie?

Nur den Film einführen. Natürlich automatisch von Spule zu
Spule. Und die Musikkassette in den neuartigen
Recorder-Teil des Projektors einlegen. Die Tonfilm-
Vorführung kann schon beginnen. Ja, da gibt's
keine Zweifel mehr, ob Stummfilm oder Tonfilm,
wenn die Tonfilm-Vorführung so problemlos ist.
Oder wollen Sie sich mit halben Sachen abgeben?